조리능력 향상의 길잡이

한식조리

조림·초

한혜영·김업식·박선옥·신은채 공저

(주)백산출판사

머리말

과학기술의 발달은 사회 변동을 촉진하고 그 결과 사회는 점점 빠르게 변화되고 있다.

사회가 발달하고 경제상황이 좋아짐에 따라 식생활문화는 풍요로워졌고, 음식문화에 대한 인식변화를 가져오게 되었다.

음식은 단순한 영양섭취 목적보다는 건강을 지키고 오감을 만족시켜 행복지수를 높이며, 음식커뮤니케이션의 기능과 함께 오락기능을 더하고 있다.

이에 전문 조리사는 다양한 직업으로 분업화·세분화되어 활동하게 되는데, 그 인기도는 조리 전문 방송 프로그램이 많아진 것을 보면 쉽게 알 수 있다.

현재 우리나라는 국가직무능력표준(NCS: national competency standards)을 개발하여 산업현장에서 직무를 수행하기 위해 요구되는 지식, 기술을 국가적 차원에서 표준화하고 있다.

이 책은 조리의 기초적인 부분부터 조리사가 알아야 하는 전반적인 내용을 담고 있어 산업현장에 적합한 인적자원 양성에 도움이 되는 전문서가 될 것으로 생각하며, 조리능력 향상에 길잡이가 될 것으로 믿는다.

왜냐하면 특급호텔인 롯데와 인터컨티넨탈에서 15년간의 현장 경험과 15년의 교육 경력을 바탕으로 정확한 레시피와 자세한 설명을 곁들여 정리하였기 때문이다.

조리학문 발전을 위해 노력하신 많은 선배님들께 감사드리며, 늘 배려를 아끼지 않으시는 백산출판사 사장님 이하 직원분들께 머리 숙여 깊은 감사를 드린다.

조리인이여~

넓은 세상을 보고 많은 꿈을 꾸며, 희망을 가지고 남다른 노력을 한다면, 소망과 꿈은 이루어지리라.

대표저자 **한혜영**

CONTENTS

○ 한식조리기능사 실기 품목

NCS – 학습모듈의 위치

대분류	음식서비스
중분류	식음료조리·서비스
소분류	음식조리

세분류	능력단위	학습모듈명
한식조리	한식 위생관리	한식 위생관리
양식조리	한식 안전관리	한식 안전관리
중식조리	한식 메뉴관리	한식 메뉴관리
일식·복어조리	한식 구매관리	한식 구매관리
	한식 재료관리	한식 재료관리
	한식 기초 조리실무	한식 기초 조리실무
	한식 밥 조리	한식 밥 조리
	한식 죽 조리	한식 죽 조리
	한식 면류 조리	한식 면류 조리
	한식 국·탕 조리	한식 국·탕 조리
	한식 찌개 조리	한식 찌개 조리
	한식 전골 조리	한식 전골 조리
	한식 찜·선 조리	한식 찜·선 조리
	한식 조림·초 조리	**한식 조림·초 조리**
	한식 볶음 조리	한식 볶음 조리
	한식 전·적 조리	한식 전·적 조리
	한식 튀김 조리	한식 튀김 조리
	한식 구이 조리	한식 구이 조리
	한식 생채·회 조리	한식 생채·회 조리
	한식 숙채 조리	한식 숙채 조리
	김치 조리	김치 조리
	음청류 조리	음청류 조리
	한과 조리	한과 조리
	장아찌 조리	장아찌 조리

한식 조림 · 초조리 학습모듈의 개요

학습모듈의 목표

육류, 어패류, 채소류 등에 간장양념물을 넣어 국물이 거의 없도록 조림 조리를 할 수 있다.

선수학습

조리원리, 식품재료학, 식품학, 식품가공학

학습모듈의 내용체계

학습	학습내용	NCS 능력단위요소	
		코드번호	요소명칭
1. 조림·초 재료 준비하기	1-1. 조림·초의 재료· 부재료 준비 및 전처리	1301010125_16v3.1	조림·초 재료 준비하기
	1-2. 조림 양념장 제조		
	1-3. 초 양념장 제조		
2. 조림·초 조리하기	2-1. 조림 조리	1301010125_16v3.2	조림·초 조리하기
	2-2. 초 조리		
3. 조림·초 담기	3-1. 조림·초 담아 완성	1301010125_16v3.3	조림·초 담기

핵심 용어

조림, 초, 양념장

분류번호	1301010125_16v3
능력단위 명칭	한식 조림·초조리
능력단위 정의	한식 조림·초 조리란 육류, 어패류, 채소류 등에 간장양념물을 넣어 국물이 거의 없도록 조림 조리를 할 수 있는 능력이다.

능력단위요소	수행준거
1301010125_16v3.1 조림·초 재료 준비하기	1.1 조림·초 조리에 따라 도구와 재료를 준비할 수 있다. 1.2 조리에 사용하는 재료를 필요량에 맞게 계량할 수 있다. 1.3 조림·초 조리의 재료에 따라 전처리를 수행할 수 있다. 1.4 양념장 재료를 비율대로 혼합, 조절할 수 있다. 1.5 필요에 따라 양념장을 숙성할 수 있다.
	【지식】 • 도구의 종류와 용도 사용법 • 재료의 계량법 • 재료의 성분과 특성 • 재료의 전처리 • 재료 선별법 • 숙성온도와 시간 • 양념장의 혼합 비율 • 양념 재료 특성
	【기술】 • 재료 전처리 능력 • 재료보관 능력 • 재료신선도 선별능력 • 조리특성에 맞게 써는 능력 • 양념장의 혼합 비율 조절능력 • 종류별 양념 사용 능력 • 재료선별 능력
	【태도】 • 바른 작업 태도 • 반복훈련태도 • 안전사항 준수태도 • 위생관리태도

1301010125_16v3.2 조림·초 조리하기	2.1 조리종류에 따라 준비한 도구에 재료를 넣고 양념장에 조릴 수 있다. 2.2 재료와 양념장의 비율, 첨가 시점을 조절할 수 있다. 2.3 재료가 눌어붙거나 모양이 흐트러지지 않게 화력을 조절하여 익힐 수 있다. 2.4 조리종류에 따라 국물의 양을 조절할 수 있다.
	【지식】 • 재료의 특성 • 조리가열시간 • 조리법에 따른 형태 변화 • 조림·초 조리법 • 조리과정 중의 물리화학적 변화에 관한 조리과학적 지식
	【기술】 • 조리에 따른 재료선별능력 • 조리종류별 양념 사용 능력 • 조리종류에 따라 양념 양 조절능력 • 조림, 초 조리기술 • 화력조절능력
	【태도】 • 관찰태도 • 바른 작업 태도 • 조리과정을 관찰하는 태도 • 실험조리를 수행하는 과학적 태도 • 안전사항 준수태도 • 위생관리태도
1301010125_16v3.3 조림·초 담기	3.1 조리종류와 색, 형태, 인원수, 분량 등을 고려하여 그릇을 선택할 수 있다. 3.2 조리종류에 따라 국물 양을 조절하여 담아낼 수 있다. 3.3 조림, 초, 조리에 따라 고명을 얹어 낼 수 있다.
	【지식】 • 고명종류 • 조리종류의 국물비율 • 조리종류에 따른 그릇 선택
	【기술】 • 고명을 얹어내는 능력 • 그릇과 조화를 고려하여 담는 능력 • 조리종류에 따라 국물을 담는 능력 • 조리에 맞는 식기 선택능력
	【태도】 • 관찰태도 • 바른 작업 태도 • 반복훈련태도 • 안전사항 준수태도 • 위생관리태도

적용범위 및 작업상황

고려사항

- 조림·초 능력단위는 다음 범위가 포함된다.
  - 조림류 : 두부조림, 생선조림, 감자조림, 연근조림, 우엉조림, 호두조림, 소고기장조림, 돼지고기장조림, 꽈리고추조림, 콩조림 등
  - 초류 : 홍합초, 전복초, 삼합초 등
- 조림·초의 전처리란 재료의 특성에 따라 다듬기, 씻기, 썰기를 말한다.
- 조림의 종류는 수조육류와 어패류조림, 채소조림 등이 있으며 양념장과 함께 조려낸 것이다.
- 조림·초의 양념장은 간장양념장이 있다.
- 조림·초 능력단위는 다음과 같은 작업상황이 필요하다.
- 조림국물은 재료가 잠길 만큼 충분하게 부어 조린 후 타지 않게 약한 불로 조려야 한다.
- 소고기장조림은 고기를 먼저 무르게 삶아 양념장을 넣고 조려야 간도 잘 배고 육즙과 어우러져 국물 맛이 좋으며 고기도 연하다.(양념장을 처음부터 고기와 함께 넣고 삶으면 육즙이 빠져 고기가 질겨진다)
- 초는 해삼, 전복, 홍합 등의 재료를 간장양념을 넣고 약한 불에서 끓이다가 조림보다 간이 약하고 달게 하며 조림국물이 거의 없게 졸이다가 윤기 나게 조려내는 음식이다. 필요에 따라 마지막에 전분 물을 넣어 걸쭉하고 윤기 나게 만들기도 한다.

자료 및 관련 서류

- 한식조리 전문서적
- 조리원리 전문서적, 관련자료
- 식품재료 관련 전문서적
- 식품재료의 원가, 구매, 저장 관련서적
- 안전관리수칙서적
- 매뉴얼에 의한 조리과정, 조리결과 체크리스트
- 식자재 구매 명세서
- 조리도구 관련서적
- 식품영양 관련서적
- 식품가공 관련서적
- 식품위생법규 전문서적
- 원산지 확인서
- 조리도구 관리 체크리스트

장비 및 도구

- 조리용 칼, 도마, 냄비, 프라이팬, 믹서, 계량저울, 계량컵, 계량스푼, 조리용 젓가락, 온도계, 체, 조리용 집게, 조리용기 등
- 가스레인지, 전기레인지 또는 가열도구
- 조리복, 조리모, 앞치마, 조리안전화, 행주, 분리수거용 봉투 등

재료

- 육류, 가금류, 어패류, 채소류, 두부 등
- 장류, 양념류 등

평가지침

평가방법

- 평가자는 능력단위 한식 조림·초 조리의 수행준거에 제시되어 있는 내용을 평가하기 위해 이론과 실기를 나누어 평가하거나 종합적인 결과물의 평가 등 다양한 평가방법을 사용할 수 있다.
- 피평가자의 과정평가 및 결과평가 방법

평가방법	평가유형	
	과정평가	결과평가
A. 포트폴리오	V	V
B. 문제해결 시나리오		
C. 서술형시험	V	V
D. 논술형시험		
E. 사례연구		
F. 평가자 질문	V	V
G. 평가자 체크리스트	V	V
H. 피평가자 체크리스트		
I. 일지/저널		
J. 역할연기		
K. 구두발표		
L. 작업장평가	V	V
M. 기타		

| 평가 시 고려사항

• 수행준거에 제시되어 있는 내용을 성공적으로 수행할 수 있는지를 평가해야 한다.

• 평가자는 다음 사항을 평가해야 한다.

  – 조리복, 조리모 착용 및 개인 위생 준수능력

  – 위생적인 조리과정

  – 식재료 손질 및 준비 과정

  – 조리순서 과정

  – 불의 세기와 시간 조절능력

  – 국물을 조리종류에 맞게 우려내는 능력

  – 양념 준비 및 양념장의 활용능력

  – 조리과정 시 위생적인 처리

  – 조리의 숙련정도

  – 조림·초 조리의 조리능력

  – 조림·초 조리의 완성도

  – 조리도구의 사용 전, 후 세척

  – 조리 후 정리정돈 능력

| 작업기초능력

순번	직업기초능력	
	주요영역	하위영역
1	의사소통능력	경청 능력, 기초외국어 능력, 문서이해 능력, 문서작성 능력, 의사표현 능력
2	문제해결능력	문제처리 능력, 사고력
3	자기개발능력	경력개발 능력, 자기관리 능력, 자아인식 능력
4	정보능력	정보처리 능력, 컴퓨터활용 능력
5	기술능력	기술선택 능력, 기술이해 능력, 기술적용 능력
6	직업윤리	공동체윤리, 근로윤리

개발·개선 이력

구분		내용
직무명칭(능력단위명)		한식조리(한식 조림·초 조리)
분류번호	기존	1301010107_14v2
	현재	1301010125_16v3,1301010126_16v3
개발·개선연도	현재	2016
	최초(1차)	2014
버전번호		v3
개발·개선기관	현재	(사)한국조리기능장협회
	최초(1차)	
향후 보완 연도(예정)		–

한식조리 조림 · 초

이론
&
실기

한식조리
조림 · 초 이론

◆ **조림**

    조림은 육류, 어패류, 채소류로 간을 약간 세게 하여 주로 반상에 오르는 찬품으로 조리개라고도 한다.

    소고기 장조림같이 오래 보관하며 먹을 밑반찬으로 만들 때에는 간을 더 세게 하여 만들어야 한다. 하지만 현재는 냉장고의 발달로 점점 간이 약해지고 있다.

    맛이 담백한 흰살 생선은 진간장으로 조리고, 붉은살 생선이나 비린내가 많이 나는 생선류는 고춧가루나 고추장을 넣어 조린다.

    1700년대까지의 조선시대 조리서에는 조림이 보이지 않는다. 조리법의 미분화 때문이다. 《옹희잡지》에 육장방(동국육장법)이 나오고, 《시의전서》에 '장조림법'으로 조림이란 말이 비로소 나타난다.

    장조림법은 "정육을 크게 덩어리지게 잘라 진장에 바짝 조리면 오래 두어도 변치 않으므로 쪽쪽 찢어 쓰면 좋다. 또 다른 법은 고기완자에 호두, 잣을 넣고 구워서 간장에 조리되 꿀을 타서 단맛이 나게 조린다"고 하였다. 이와 같은 장조림을 《옹희잡지》에서는 동국육장이라 하였는데 중국에서 육장이라 하면 고기를 생선젓갈처럼 발효시킨 것을 말한다.

    《원행을묘정리의궤》의 수라상에 놓는 조치 가운데 수어장자(秀魚醬煮) 등은 조림인데 그 당시에는 분화되지 않고 조치에 포함시켰다. 또 《임원십육지》에는 육장(肉醬), 어장(魚醬), 천리장(千里醬)이 나온다. 육장은 우육을 청장에 끓이다가 장이 절반쯤 조려졌을 때 천초, 생강을 넣어 오지항아리에 저장한다고 했다. 이것은 오늘날의 장조림으로 육장을 먹을 때는 기름, 장, 꿀, 후추에 무치면 맛이 매우 좋다고 한 것으로 보아 육장을 다시 무쳐 먹었음을 알 수 있다.

    어장은 생선을 장에 끓이다가 기름, 간장을 더 넣고 끓여 즙액이 반고 상태가 될 정도로 조려서 항아리에 담아 5~6일 후에 고춧가루를 넣어 쓴다고 하였다. 또 천리장은 '고기를 다져서 기름과 꿀에 볶아 익히면 오래 둘 수 있다'고 하였으니 육장으로 만든 고기를 다시 기름과 꿀에 볶아서 천 리 길을 들고 가도 상하지 않을 만큼 저장성이 뛰어난 음식이라 하였다.

지금은 음식을 저장하는 시설과 시장, 마트 등이 발달되어 재료를 준비하고 보관하는 일이 어렵지 않지만, 냉장고 같은 보관 시설이 없었던 시기에는 소금이나 장을 넉넉히 넣어 음식을 조리하고 저장이 되도록 할 수밖에 없었던 것이다.

이성우 교수는 국물의 양은 국>지지미>찌개>볶음 조림의 순이라고 하였다.

조림에 사용되는 소고기의 부위는 설도, 우둔, 홍두깨살, 앞다리, 뒷다리, 아롱사태 등이다. 안심, 등심, 차돌박이, 갈비살, 토시살 등의 부드러운 부위는 구이로 해서 즐기지만 힘줄이 있고 근막이 있는 부위는 물을 첨가하여 조리하는 습열조리를 하여 먹기 좋게 조리한다.

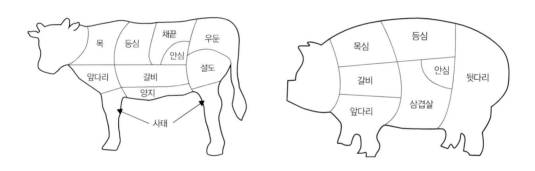

돼지고기는 소고기보다 더 다양한 부위가 조림으로 이용된다. 안심, 등심, 삼겹살 등 구이로 주로 이용하는 부위도 가격 경쟁력이나 맛, 선호도 등에 의해 조림 재료로 사용되고 있으며 사업장과 가정에 주로 사용되는 재료 중 하나이다.

닭고기는 조림, 튀김, 탕 등 다양한 조리법으로 활용되고 있으며, 고등어, 삼치, 참치, 갈치, 가자미, 조기 등의 생선류와 대구포, 꼴뚜기 등의 마른 생선도 사용되고 있으며, 마른 조갯살, 마른 전복 등도 물에 담가 불린 다음 조림으로 사용하면 맛 좋은 요리가 되기도 한다.

마늘, 마늘종, 감자, 당근, 무, 연근, 우엉, 고추 등의 재료도 조림에 사용되고 있다. 메추리알이나 달걀도 조림으로 조리하며 꽈리고추를 곁들여 맛을 증대시키기도 한다.

궁에서는 다진 고기를 양념하고 완자로 만들고 속껍질 벗긴 호두와 조림하여 찬으로 사용하기도 하였으며, 폐백이바지 음식으로 항아리에 담아 보내기도 하였다.

조림의 종류

조림의 종류에는 가자미조림, 간조림, 갈치조림, 감자조림, 고등어조림, 광어조림, 꼬시락조림, 꼴뚜기조림, 꿩조림, 농어조림, 다시마조림, 달걀조림, 닭조림, 대구조림, 댕가지조림, 도루묵조림, 도미조림, 도미통조림, 동태조림, 돼지고기다시마조림, 돼지고기조림, 두부장조림, 두부조림, 마른조갯살조림, 멸치조림, 명태조림, 문어조림, 민어조림, 밤은행조림, 병어조림, 북어조림, 붕어조림, 미웃조림, 생선고추장조림, 생선냉제조림, 생선조림, 생치장조림, 생치조림, 수라조림, 숭어조림, 약산적조림, 약포조림, 잉어조림, 장어조림, 저육조림, 전복조림, 전어조림, 정어리조림, 제육뼈조림, 조기조림, 준치조림, 천어잔생선조림, 편육조림, 표고조림, 호두조림 등이 있다.

◆ 초
___

초(炒)는 원래 볶는다는 뜻이지만 초는 습열(濕熱), 건열(乾熱) 두 가지 뜻으로 쓰인다.

번철에 기름을 두르고 센 불로 단시간 처리하는 간접 가열법이다. 가열 중에 교반이 쉽게 이루어질 수 있도록 큰 식품은 알맞게 썰어두어야 한다. 또 초법(炒法)은 가열 중 조리가 가능하지만 재료가 유지의 박막(薄膜)에 싸여 있기 때문에 조미료의 침투는 늦다.

초 조리법은 이용되는 양념에 따라 장 볶기, 고추장 볶기 등의 명칭이 생기고, 또 주재료에 따라 양볶기 등의 명칭이 생긴다.

우리 조리법에서는 조리다가 나중에 녹말을 풀어 넣어 국물이 엉기게 하며 대체로 간은 세지 않고 달게 한다.

초의 재료로는 홍합과 전복을 가장 많이 쓴다.

초의 종류

초의 종류는 홍합초, 전복초, 해삼초 등이 있다.

참고문헌

· 시의전서
· 아름다운 한국음식 300선((사)한국전통음식연구소, 질시루, 2008)
· 우리가 정말 알아야 할 우리 음식 백가지(한복진, 현암사, 1998)
· 임원십육지(서유구, 1835년경)
· 조선시대의 음식문화(김상보, 가람기획, 2006)
· 한국민족문화대백과사전(한국학중앙연구원, 1991)
· 한국요리문화사(이성우, 교문사, 1985)
· 한국의 음식문화(이효지, 신광출판사, 1998)

감자조림

- 감자 2개(460g)
- 소금 1/2작은술
- 소고기 30g

고기양념

- 간장 1작은술
- 설탕 1/2작은술
- 다진 대파 1작은술
- 다진 마늘 1/2작은술
- 참기름 1작은술
- 깨소금 1/2작은술
- 후춧가루 1/8작은술

조림장

- 간장 2큰술
- 물 2컵
- 설탕 1큰술
- 참깨 1/2작은술

재료 확인하기

1 감자, 소금, 소고기, 간장, 설탕, 대파, 마늘 등 확인하기

사용할 도구 선택하기

2 냄비, 프라이팬, 나무젓가락 등을 선택하여 준비한다.

재료 계량하기

3 각각의 재료 분량을 컵과 계량스푼, 저울로 계량하기

재료 준비하기

4 감자는 껍질을 벗기고 2cm 크기로 깍둑썰기를 하여 소금에 절인다.
5 소고기는 납작하게 썬다.

양념장 만들기

6 분량의 재료를 섞어 고기양념을 만든다.
7 분량의 재료를 섞어 조림장을 만든다.

조리하기

8 썬 고기는 고기양념으로 버무린다.
9 냄비에 양념한 소고기, 감자를 넣고 조림장을 넣어 조린다. 부서지기
   쉬우므로 자주 젓지 않는다.

담아 완성하기

10 감자조림 담을 그릇을 선택한다.
11 감자조림을 보기 좋게 담아낸다.

학습
평가

| 서술형 시험

학습내용	평가 항목	성취수준		
		상	중	하
조림·초 재료 준비 및 손질	조림·초 조리에 따라 도구와 재료를 준비하는 능력			
양념장 제조	염도와 당도를 비율에 맞게 조절할 수 있는 방법			
조림·초 조리하기	재료의 투입순서를 정하여 조림을 만드는 방법			
	메뉴에 따라 불 조절하여 조리하는 방법			
조림·초 담기 완성	계절에 적합한 그릇을 선택하는 방법			
	서비스 방법에 따라 담는 방법			

| 평가자 체크리스트

학습내용	평가 항목	성취수준		
		상	중	하
조림·초 재료 준비 및 손질	조리에 필요한 재료와 도구를 준비하는 능력			
	사용할 재료를 필요량에 맞게 계량하는 능력			
	재료에 따라 전처리를 하는 능력			
양념장 제조	양념장을 비율대로 만드는 능력			
조림·초 조리하기	식재료에 따라 육수 양을 조절하는 능력			
	불의 세기를 조절하여 맛과 익힘의 정도를 조절하는 능력			
조림·초 담기 완성	메뉴와 어울리는 그릇을 선택하는 능력			
	음식에 고명을 올려서 완성하는 능력			

| 작업장 평가

학습내용	평가 항목	성취수준		
		상	중	하
조림·초 재료 준비 및 손질	조림·초 조리에 적합한 재료 계량 능력			
	음식에 적합한 재료 손질 능력			
	재료별 씻기 및 물에 담그는 능력			
양념장 제조	양념장을 비율대로 만드는 능력			
조림·초 조리하기	재료와 양념장의 비율, 첨가 시점을 조절하는 방법			
	불의 세기를 조절하는 시기와 능력			
조림·초 담기 완성	조리법과 인원에 따라 그릇을 선택하는 능력			
	음식에 맞는 그릇의 종류를 선택하는 능력			
	조리 용도에 따라 고명을 사용하는 능력			

포트폴리오

학습내용	평가 항목	성취수준		
		상	중	하
조림·초 재료 준비 및 손질	조리의 종류에 따라 다듬고, 썰고, 삶고, 데치고, 전처리할 수 있는 능력			
양념장 제조	양념장을 조절하여 간이 잘 맞게 하는 능력			
조림·초 조리하기	재료와 양념장의 비율, 첨가 시점을 조절하는 방법			
조림·초 담기 완성	분량에 따른 그릇을 선택하고 사진으로 남기는 능력			
	음식 종류에 따라 그릇 용도에 맞게 사용하는 능력			
	조리법과 조리 용도에 따라 곁들인 고명을 얹어 낼 수 있는 방법			

학습자 완성품 사진

연근조림

재료

- 연근 300g
- 참기름 1작은술

삶는 물
- 물 2컵
- 식초 1큰술

양념장
- 간장 4큰술
- 물 2컵
- 설탕 2큰술
- 물엿 2큰술
- 양파 50g
- 대파 50g
- 마늘 10g
- 생강 3g
- 마른 고추 1개
- 통후추 5알

만드는 법

재료 확인하기
1 연근, 참기름, 식초, 간장, 물엿, 양파, 대파, 마늘, 생강, 마른 고추 등 확인하기

사용할 도구 선택하기
2 냄비, 나무젓가락 등을 선택하여 준비한다.

재료 계량하기
3 각각의 재료 분량을 컵과 계량스푼, 저울로 계량하기

재료 준비하기
4 연근은 껍질을 벗기로 0.5cm 두께로 썰어 물에 헹군다.

양념장 만들기
5 냄비에 분량의 양념장 재료를 섞어 30분 정도 끓여 체에 거른다.

조리하기
6 냄비에 물과 식초를 넣어 연근을 삶는다.
7 체에 거른 양념장에 삶아 놓은 연근을 넣어 조린다.
8 잘 조려진 연근에 참기름을 넣어 한소끔 더 조린다

담아 완성하기
9 연근조림 담을 그릇을 선택한다.
10 연근조림을 보기 좋게 담는다.

학습
평가

| 서술형 시험

학습내용	평가 항목	성취수준		
		상	중	하
조림·초 재료 준비 및 손질	조림·초 조리에 따라 도구와 재료를 준비하는 능력			
양념장 제조	염도와 당도를 비율에 맞게 조절할 수 있는 방법			
조림·초 조리하기	재료의 투입순서를 정하여 조림을 만드는 방법			
	메뉴에 따라 불 조절하여 조리하는 방법			
조림·초 담기 완성	계절에 적합한 그릇을 선택하는 방법			
	서비스 방법에 따라 담는 방법			

| 평가자 체크리스트

학습내용	평가 항목	성취수준		
		상	중	하
조림·초 재료 준비 및 손질	조리에 필요한 재료와 도구를 준비하는 능력			
	사용할 재료를 필요량에 맞게 계량하는 능력			
	재료에 따라 전처리를 하는 능력			
양념장 제조	양념장을 비율대로 만드는 능력			
조림·초 조리하기	식재료에 따라 육수 양을 조절하는 능력			
	불의 세기를 조절하여 맛과 익힘의 정도를 조절하는 능력			
조림·초 담기 완성	메뉴와 어울리는 그릇을 선택하는 능력			
	음식에 고명을 올려서 완성하는 능력			

| 작업장 평가

학습내용	평가 항목	성취수준		
		상	중	하
조림·초 재료 준비 및 손질	조림·초 조리에 적합한 재료 계량 능력			
	음식에 적합한 재료 손질 능력			
	재료별 씻기 및 물에 담그는 능력			
양념장 제조	양념장을 비율대로 만드는 능력			
조림·초 조리하기	재료와 양념장의 비율, 첨가 시점을 조절하는 방법			
	불의 세기를 조절하는 시기와 능력			
조림·초 담기 완성	조리법과 인원에 따라 그릇을 선택하는 능력			
	음식에 맞는 그릇의 종류를 선택하는 능력			
	조리 용도에 따라 고명을 사용하는 능력			

포트폴리오

학습내용	평가 항목	성취수준		
		상	중	하
조림·초 재료 준비 및 손질	조리의 종류에 따라 다듬고, 썰고, 삶고, 데치고, 전처리할 수 있는 능력			
양념장 제조	양념장을 조절하여 간이 잘 맞게 하는 능력			
조림·초 조리하기	재료와 양념장의 비율, 첨가 시점을 조절하는 방법			
조림·초 담기 완성	분량에 따른 그릇을 선택하고 사진으로 남기는 능력			
	음식 종류에 따라 그릇 용도에 맞게 사용하는 능력			
	조리법과 조리 용도에 따라 곁들인 고명을 얹어 낼 수 있는 방법			

학습자 완성품 사진

우엉조림

재료

- 우엉 300g
- 참기름 1작은술

삶는 물
- 물 2컵
- 소금 1큰술

양념장
- 간장 4큰술
- 물 1컵
- 설탕 2큰술
- 물엿 2큰술
- 양파 50g
- 대파 50g
- 마늘 10g
- 생강 3g
- 마른 고추 1개
- 통후추 5알

만드는 법

재료 확인하기
1 우엉, 참기름, 소금, 간장, 설탕, 양파, 대파, 마늘 등 확인하기

사용할 도구 선택하기
2 냄비, 나무젓가락 등을 선택하여 준비한다.

재료 계량하기
3 각각의 재료 분량을 컵과 계량스푼, 저울로 계량하기

재료 준비하기
4 우엉은 껍질을 벗기고 0.5cm 두께로 어슷썰기를 하여 물에 헹군다.

양념장 만들기
5 냄비에 분량의 양념장 재료를 섞어 30분 정도 끓여 체에 거른다.

조리하기
6 끓는 소금물에 우엉을 넣어 삶는다.
7 체에 거른 양념장에 삶아 놓은 우엉을 넣어 조린다.
8 잘 조려진 우엉에 참기름을 넣어 한소끔 더 조린다.

담아 완성하기
9 우엉조림 담을 그릇을 선택한다.
10 우엉조림을 보기 좋게 담는다.

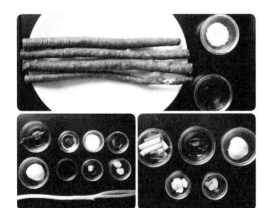

학습 평가

서술형 시험

학습내용	평가 항목	성취수준		
		상	중	하
조림·초 재료 준비 및 손질	조림·초 조리에 따라 도구와 재료를 준비하는 능력			
양념장 제조	염도와 당도를 비율에 맞게 조절할 수 있는 방법			
조림·초 조리하기	재료의 투입순서를 정하여 조림을 만드는 방법			
	메뉴에 따라 불 조절하여 조리하는 방법			
조림·초 담기 완성	계절에 적합한 그릇을 선택하는 방법			
	서비스 방법에 따라 담는 방법			

평가자 체크리스트

학습내용	평가 항목	성취수준		
		상	중	하
조림·초 재료 준비 및 손질	조리에 필요한 재료와 도구를 준비하는 능력			
	사용할 재료를 필요량에 맞게 계량하는 능력			
	재료에 따라 전처리를 하는 능력			
양념장 제조	양념장을 비율대로 만드는 능력			
조림·초 조리하기	식재료에 따라 육수 양을 조절하는 능력			
	불의 세기를 조절하여 맛과 익힘의 정도를 조절하는 능력			
조림·초 담기 완성	메뉴와 어울리는 그릇을 선택하는 능력			
	음식에 고명을 올려서 완성하는 능력			

작업장 평가

학습내용	평가 항목	성취수준		
		상	중	하
조림·초 재료 준비 및 손질	조림·초 조리에 적합한 재료 계량 능력			
	음식에 적합한 재료 손질 능력			
	재료별 씻기 및 물에 담그는 능력			
양념장 제조	양념장을 비율대로 만드는 능력			
조림·초 조리하기	재료와 양념장의 비율, 첨가 시점을 조절하는 방법			
	불의 세기를 조절하는 시기와 능력			
조림·초 담기 완성	조리법과 인원에 따라 그릇을 선택하는 능력			
	음식에 맞는 그릇의 종류를 선택하는 능력			
	조리 용도에 따라 고명을 사용하는 능력			

포트폴리오

학습내용	평가 항목	성취수준		
		상	중	하
조림·초 재료 준비 및 손질	조리의 종류에 따라 다듬고, 썰고, 삶고, 데치고, 전처리할 수 있는 능력			
양념장 제조	양념장을 조절하여 간이 잘 맞게 하는 능력			
조림·초 조리하기	재료와 양념장의 비율, 첨가 시점을 조절하는 방법			
조림·초 담기 완성	분량에 따른 그릇을 선택하고 사진으로 남기는 능력			
	음식 종류에 따라 그릇 용도에 맞게 사용하는 능력			
	조리법과 조리 용도에 따라 곁들인 고명을 얹어 낼 수 있는 방법			

학습자 완성품 사진

풋고추조림

재료

- 풋고추 200g
- 소금 1/2작은술
- 다진 소고기 50g
- 달걀 1개
- 밀가루 2큰술
- 식용유 2큰술

고기양념

- 간장 1/2큰술
- 설탕 1/2작은술
- 다진 대파 1작은술
- 다진 마늘 1/2작은술
- 참기름 1작은술
- 깨소금 1/2작은술
- 후춧가루 1/8작은술

조림장

- 장 1큰술
- 물 3컵
- 설탕 1큰술
- 다진 대파 1큰술

만드는 법

재료 확인하기

1 풋고추, 소고기, 소금, 밀가루, 간장, 설탕 등 확인하기

사용할 도구 선택하기

2 냄비, 프라이팬, 나무젓가락 등을 선택하여 준비한다.

재료 계량하기

3 각각의 재료 분량을 컵과 계량스푼, 저울로 계량하기

재료 준비하기

4 풋고추는 깨끗하게 씻어 반은 꼭지를 따고 반은 1/2로 쪼개어 씨를
   제거한다.

양념장 만들기

5 분량의 재료를 섞어 고기양념을 만든다.
6 분량의 재료를 섞어 조림장 재료를 섞는다.

조리하기

7 소고기 다진 것은 고기양념으로 버무려 양념을 한다.
8 씨를 제거한 고추에 밀가루를 바르고 양념한 고기를 채워 넣는다,
   밀가루, 달걀물을 입혀서 전을 지진다.
9 조림장에 풋고추전을 넣어 함께 조린다.

담아 완성하기

10 풋고추조림 담을 그릇을 선택한다.
11 풋고추조림을 보기 좋게 담는다.

서술형 시험

학습내용	평가 항목	성취수준		
		상	중	하
조림·초 재료 준비 및 손질	조림·초 조리에 따라 도구와 재료를 준비하는 능력			
양념장 제조	염도와 당도를 비율에 맞게 조절할 수 있는 방법			
조림·초 조리하기	재료의 투입순서를 정하여 조림을 만드는 방법			
	메뉴에 따라 불 조절하여 조리하는 방법			
조림·초 담기 완성	계절에 적합한 그릇을 선택하는 방법			
	서비스 방법에 따라 담는 방법			

평가자 체크리스트

학습내용	평가 항목	성취수준		
		상	중	하
조림·초 재료 준비 및 손질	조리에 필요한 재료와 도구를 준비하는 능력			
	사용할 재료를 필요량에 맞게 계량하는 능력			
	재료에 따라 전처리를 하는 능력			
양념장 제조	양념장을 비율대로 만드는 능력			
조림·초 조리하기	식재료에 따라 육수 양을 조절하는 능력			
	불의 세기를 조절하여 맛과 익힘의 정도를 조절하는 능력			
조림·초 담기 완성	메뉴와 어울리는 그릇을 선택하는 능력			
	음식에 고명을 올려서 완성하는 능력			

작업장 평가

학습내용	평가 항목	성취수준		
		상	중	하
조림·초 재료 준비 및 손질	조림·초 조리에 적합한 재료 계량 능력			
	음식에 적합한 재료 손질 능력			
	재료별 씻기 및 물에 담그는 능력			
양념장 제조	양념장을 비율대로 만드는 능력			
조림·초 조리하기	재료와 양념장의 비율, 첨가 시점을 조절하는 방법			
	불의 세기를 조절하는 시기와 능력			
조림·초 담기 완성	조리법과 인원에 따라 그릇을 선택하는 능력			
	음식에 맞는 그릇의 종류를 선택하는 능력			
	조리 용도에 따라 고명을 사용하는 능력			

포트폴리오

학습내용	평가 항목	성취수준		
		상	중	하
조림·초 재료 준비 및 손질	조리의 종류에 따라 다듬고, 썰고, 삶고, 데치고, 전처리할 수 있는 능력			
양념장 제조	양념장을 조절하여 간이 잘 맞게 하는 능력			
조림·초 조리하기	재료와 양념장의 비율, 첨가 시점을 조절하는 방법			
조림·초 담기 완성	분량에 따른 그릇을 선택하고 사진으로 남기는 능력			
	음식 종류에 따라 그릇 용도에 맞게 사용하는 능력			
	조리법과 조리 용도에 따라 곁들인 고명을 얹어 낼 수 있는 방법			

학습자 완성품 사진

콩조림

재료

· 흑태 1/2컵

조림장

· 간장 3큰술
· 설탕 2큰술
· 양파 10g
· 마른 고추 1개
· 깐 생강 5g
· 마늘 10g
· 참깨 1작은술

만드는 법

재료 확인하기

1 흑태, 간장, 설탕, 양파, 마른 고추, 생강 등 확인하기

사용할 도구 선택하기

2 냄비, 나무젓가락 등을 선택하여 준비한다.

재료 계량하기

3 각각의 재료 분량을 컵과 계량스푼, 저울로 계량하기

재료 준비하기

4 흑태는 벌레 먹은 것이 없도록 가려내어 6시간 정도 물에 불린다.
5 마른 고추는 어슷썰기하여 씨를 뺀다.
6 생강, 마늘은 편으로 썬다.

양념장 만들기

7 분량의 재료를 섞어 조림장 재료를 섞는다.

조리하기

8 불린 콩을 냄비에 담고 물 1½을 넣어 10분 정도 끓인다.
9 조림장, 삶은 콩물 1컵, 삶은 흑태를 넣어 국물이 없어질 때까지 조린다.
10 양파, 마른 고추, 생강, 마늘은 건져내고 참깨를 넣어 버무린다.

담아 완성하기

11 콩조림 담을 그릇을 선택한다.
12 콩조림을 보기 좋게 담는다.

학습
평가

서술형 시험

학습내용	평가 항목	성취수준		
		상	중	하
조림·초 재료 준비 및 손질	조림·초 조리에 따라 도구와 재료를 준비하는 능력			
양념장 제조	염도와 당도를 비율에 맞게 조절할 수 있는 방법			
조림·초 조리하기	재료의 투입순서를 정하여 조림을 만드는 방법			
	메뉴에 따라 불 조절하여 조리하는 방법			
조림·초 담기 완성	계절에 적합한 그릇을 선택하는 방법			
	서비스 방법에 따라 담는 방법			

평가자 체크리스트

학습내용	평가 항목	성취수준		
		상	중	하
조림·초 재료 준비 및 손질	조리에 필요한 재료와 도구를 준비하는 능력			
	사용할 재료를 필요량에 맞게 계량하는 능력			
	재료에 따라 전처리를 하는 능력			
양념장 제조	양념장을 비율대로 만드는 능력			
조림·초 조리하기	식재료에 따라 육수 양을 조절하는 능력			
	불의 세기를 조절하여 맛과 익힘의 정도를 조절하는 능력			
조림·초 담기 완성	메뉴와 어울리는 그릇을 선택하는 능력			
	음식에 고명을 올려서 완성하는 능력			

작업장 평가

학습내용	평가 항목	성취수준		
		상	중	하
조림·초 재료 준비 및 손질	조림·초 조리에 적합한 재료 계량 능력			
	음식에 적합한 재료 손질 능력			
	재료별 씻기 및 물에 담그는 능력			
양념장 제조	양념장을 비율대로 만드는 능력			
조림·초 조리하기	재료와 양념장의 비율, 첨가 시점을 조절하는 방법			
	불의 세기를 조절하는 시기와 능력			
조림·초 담기 완성	조리법과 인원에 따라 그릇을 선택하는 능력			
	음식에 맞는 그릇의 종류를 선택하는 능력			
	조리 용도에 따라 고명을 사용하는 능력			

포트폴리오

학습내용	평가 항목	성취수준		
		상	중	하
조림·초 재료 준비 및 손질	조리의 종류에 따라 다듬고, 썰고, 삶고, 데치고, 전처리할 수 있는 능력			
양념장 제조	양념장을 조절하여 간이 잘 맞게 하는 능력			
조림·초 조리하기	재료와 양념장의 비율, 첨가 시점을 조절하는 방법			
조림·초 담기 완성	분량에 따른 그릇을 선택하고 사진으로 남기는 능력			
	음식 종류에 따라 그릇 용도에 맞게 사용하는 능력			
	조리법과 조리 용도에 따라 곁들인 고명을 얹어 낼 수 있는 방법			

학습자 완성품 사진

호두조림

재료

- 호두 1½컵
- 소고기 100g

고기양념
- 간장 2작은술
- 다진 마늘 1/2작은술
- 다진 대파 2작은술
- 설탕 2작은술
- 참기름 2작은술
- 후춧가루 1/8작은술

조림간장
- 국간장 1큰술
- 설탕 2작은술
- 조청 1큰술
- 물 3큰술

만드는 법

재료 확인하기
1 호두, 소고기, 간장, 설탕, 마늘, 대파 등 확인하기

사용할 도구 선택하기
2 냄비, 프라이팬, 나무젓가락 등을 선택하여 준비한다.

재료 계량하기
3 각각의 재료 분량을 컵과 계량스푼, 저울로 계량하기

재료 준비하기
4 호두를 80℃ 정도의 물에 10분 정도 담갔다가 꼬챙이로 속껍질을 벗긴다.
5 소고기는 핏물을 제거하여 곱게 다진다.

양념장 만들기
6 분량에 재료를 섞어 고기양념을 만든다.
7 분량에 재료를 섞어 조림간장을 만든다.

조리하기
8 다진 소고기는 고기양념을 하여 끈기가 생기도록 치대어 은행알 정
9 도로 완자를 빚는다.
10 냄비에 조림간장을 끓여 완자를 넣어 고루 익히고 모양이 둥글게 되면 호두를 넣어 간장을 끼얹으면서 조린다.

담아 완성하기
11 호두조림 담을 그릇을 선택한다.
12 호두조림을 보기 좋게 담는다.

학습 평가

서술형 시험

학습내용	평가 항목	성취수준		
		상	중	하
조림·초 재료 준비 및 손질	조림·초 조리에 따라 도구와 재료를 준비하는 능력			
양념장 제조	염도와 당도를 비율에 맞게 조절할 수 있는 방법			
조림·초 조리하기	재료의 투입순서를 정하여 조림을 만드는 방법			
	메뉴에 따라 불 조절하여 조리하는 방법			
조림·초 담기 완성	계절에 적합한 그릇을 선택하는 방법			
	서비스 방법에 따라 담는 방법			

평가자 체크리스트

학습내용	평가 항목	성취수준		
		상	중	하
조림·초 재료 준비 및 손질	조리에 필요한 재료와 도구를 준비하는 능력			
	사용할 재료를 필요량에 맞게 계량하는 능력			
	재료에 따라 전처리를 하는 능력			
양념장 제조	양념장을 비율대로 만드는 능력			
조림·초 조리하기	식재료에 따라 육수 양을 조절하는 능력			
	불의 세기를 조절하여 맛과 익힘의 정도를 조절하는 능력			
조림·초 담기 완성	메뉴와 어울리는 그릇을 선택하는 능력			
	음식에 고명을 올려서 완성하는 능력			

작업장 평가

학습내용	평가 항목	성취수준		
		상	중	하
조림·초 재료 준비 및 손질	조림·초 조리에 적합한 재료 계량 능력			
	음식에 적합한 재료 손질 능력			
	재료별 씻기 및 물에 담그는 능력			
양념장 제조	양념장을 비율대로 만드는 능력			
조림·초 조리하기	재료와 양념장의 비율, 첨가 시점을 조절하는 방법			
	불의 세기를 조절하는 시기와 능력			
조림·초 담기 완성	조리법과 인원에 따라 그릇을 선택하는 능력			
	음식에 맞는 그릇의 종류를 선택하는 능력			
	조리 용도에 따라 고명을 사용하는 능력			

포트폴리오

학습내용	평가 항목	성취수준		
		상	중	하
조림·초 재료 준비 및 손질	조리의 종류에 따라 다듬고, 썰고, 삶고, 데치고, 전처리할 수 있는 능력			
양념장 제조	양념장을 조절하여 간이 잘 맞게 하는 능력			
조림·초 조리하기	재료와 양념장의 비율, 첨가 시점을 조절하는 방법			
조림·초 담기 완성	분량에 따른 그릇을 선택하고 사진으로 남기는 능력			
	음식 종류에 따라 그릇 용도에 맞게 사용하는 능력			
	조리법과 조리 용도에 따라 곁들인 고명을 얹어 낼 수 있는 방법			

학습자 완성품 사진

꼴뚜기조림

- 마른 꼴뚜기 100g
- 청주 2작은술
- 밀가루 1큰술
- 식용유 1큰술
- 청양고추 1/3개
- 붉은 고추 1/3개

양념장

- 물 5큰술
- 간장 1큰술
- 물엿 1/2큰술
- 설탕 1/2큰술
- 청주 1큰술
- 다진 마늘 1작은술
- 생강즙 1/2작은술
- 참기름 1작은술
- 통깨 1작은술
- 후춧가루 약간

재료 확인하기

1 꼴뚜기, 청주, 밀가루, 식용유, 청양고추, 붉은 고추, 간장 등 확인하기

사용할 도구 선택하기

2 냄비, 프라이팬, 나무젓가락 등을 선택하여 준비한다.

재료 계량하기

3 각각의 재료 분량을 컵과 계량스푼, 저울로 계량하기

재료 준비하기

4 마른 꼴뚜기는 물에 담가 청주를 넣고 30분 정도 불린다.
5 불린 꼴뚜기는 밀가루를 넣고 바락바락 주물러 씻은 뒤 꼭 짜놓는다.
6 꼴뚜기는 식용유에 버무려 놓는다.
7 풋고추, 붉은 고추는 어슷썰기를 하여 씨를 제거한다.

양념장 만들기

8 분량의 재료를 섞어 양념장을 만든다.

조리하기

9 팬에 꼴뚜기를 넣어 볶다 양념장과 고추를 넣어 물기가 없어질 때까지 조린다.

담아 완성하기

10 꼴뚜기조림 담을 그릇을 선택한다.
11 꼴뚜기조림을 보기 좋게 담아낸다.

학습
평가

서술형 시험

학습내용	평가 항목	성취수준		
		상	중	하
조림·초 재료 준비 및 손질	조림·초 조리에 따라 도구와 재료를 준비하는 능력			
양념장 제조	염도와 당도를 비율에 맞게 조절할 수 있는 방법			
조림·초 조리하기	재료의 투입순서를 정하여 조림을 만드는 방법			
	메뉴에 따라 불 조절하여 조리하는 방법			
조림·초 담기 완성	계절에 적합한 그릇을 선택하는 방법			
	서비스 방법에 따라 담는 방법			

평가자 체크리스트

학습내용	평가 항목	성취수준		
		상	중	하
조림·초 재료 준비 및 손질	조리에 필요한 재료와 도구를 준비하는 능력			
	사용할 재료를 필요량에 맞게 계량하는 능력			
	재료에 따라 전처리를 하는 능력			
양념장 제조	양념장을 비율대로 만드는 능력			
조림·초 조리하기	식재료에 따라 육수 양을 조절하는 능력			
	불의 세기를 조절하여 맛과 익힘의 정도를 조절하는 능력			
조림·초 담기 완성	메뉴와 어울리는 그릇을 선택하는 능력			
	음식에 고명을 올려서 완성하는 능력			

작업장 평가

학습내용	평가 항목	성취수준		
		상	중	하
조림·초 재료 준비 및 손질	조림·초 조리에 적합한 재료 계량 능력			
	음식에 적합한 재료 손질 능력			
	재료별 씻기 및 물에 담그는 능력			
양념장 제조	양념장을 비율대로 만드는 능력			
조림·초 조리하기	재료와 양념장의 비율, 첨가 시점을 조절하는 방법			
	불의 세기를 조절하는 시기와 능력			
조림·초 담기 완성	조리법과 인원에 따라 그릇을 선택하는 능력			
	음식에 맞는 그릇의 종류를 선택하는 능력			
	조리 용도에 따라 고명을 사용하는 능력			

포트폴리오

학습내용	평가 항목	성취수준		
		상	중	하
조림·초 재료 준비 및 손질	조리의 종류에 따라 다듬고, 썰고, 삶고, 데치고, 전처리할 수 있는 능력			
양념장 제조	양념장을 조절하여 간이 잘 맞게 하는 능력			
조림·초 조리하기	재료와 양념장의 비율, 첨가 시점을 조절하는 방법			
조림·초 담기 완성	분량에 따른 그릇을 선택하고 사진으로 남기는 능력			
	음식 종류에 따라 그릇 용도에 맞게 사용하는 능력			
	조리법과 조리 용도에 따라 곁들인 고명을 얹어 낼 수 있는 방법			

학습자 완성품 사진

조기조림

재료

- 조기 2마리(350g)
- 무 100g
- 풋고추 1개
- 붉은 고추 1/2개
- 대파 20g

양념장

- 물 1컵
- 간장 2큰술
- 설탕 2작은술
- 다진 대파 2작은술
- 다진 마늘 1작은술
- 참기름 1작은술
- 후춧가루 1/8작은술

만드는 법

재료 확인하기

1 조기, 무, 풋고추, 붉은 고추, 대파, 간장, 설탕 등 확인하기

사용할 도구 선택하기

2 냄비, 프라이팬, 나무젓가락 등을 선택하여 준비한다.

재료 계량하기

3 각각의 재료 분량을 컵과 계량스푼, 저울로 계량하기

재료 준비하기

4 조기는 지느러미를 제거하고 비늘을 긁는다. 아가미로 내장을 빼내고 깨끗이 씻는다.
5 무는 깨끗이 씻어 4cm×3cm×1.5cm로 썬다.
6 고추와 대파는 어슷썬다.

양념장 만들기

7 분량의 재료를 섞어 양념장을 만든다.

조리하기

8 냄비에 무를 깔고 양념장을 끼얹어 조기를 올리고 국물이 자작해질 때까지 국물을 끼얹어가며 조린다.
9 고추와 파를 넣고 2분 정도 더 조린다.

담아 완성하기

10 조기조림 담을 그릇을 선택한다.
11 조기조림을 따뜻하게 담아낸다.

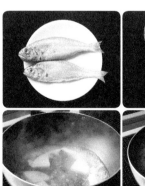

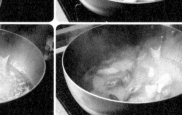

| 서술형 시험

학습내용	평가 항목	성취수준		
		상	중	하
조림·초 재료 준비 및 손질	조림·초 조리에 따라 도구와 재료를 준비하는 능력			
양념장 제조	염도와 당도를 비율에 맞게 조절할 수 있는 방법			
조림·초 조리하기	재료의 투입순서를 정하여 조림을 만드는 방법			
	메뉴에 따라 불 조절하여 조리하는 방법			
조림·초 담기 완성	계절에 적합한 그릇을 선택하는 방법			
	서비스 방법에 따라 담는 방법			

| 평가자 체크리스트

학습내용	평가 항목	성취수준		
		상	중	하
조림·초 재료 준비 및 손질	조리에 필요한 재료와 도구를 준비하는 능력			
	사용할 재료를 필요량에 맞게 계량하는 능력			
	재료에 따라 전처리를 하는 능력			
양념장 제조	양념장을 비율대로 만드는 능력			
조림·초 조리하기	식재료에 따라 육수 양을 조절하는 능력			
	불의 세기를 조절하여 맛과 익힘의 정도를 조절하는 능력			
조림·초 담기 완성	메뉴와 어울리는 그릇을 선택하는 능력			
	음식에 고명을 올려서 완성하는 능력			

| 작업장 평가

학습내용	평가 항목	성취수준		
		상	중	하
조림·초 재료 준비 및 손질	조림·초 조리에 적합한 재료 계량 능력			
	음식에 적합한 재료 손질 능력			
	재료별 씻기 및 물에 담그는 능력			
양념장 제조	양념장을 비율대로 만드는 능력			
조림·초 조리하기	재료와 양념장의 비율, 첨가 시점을 조절하는 방법			
	불의 세기를 조절하는 시기와 능력			
조림·초 담기 완성	조리법과 인원에 따라 그릇을 선택하는 능력			
	음식에 맞는 그릇의 종류를 선택하는 능력			
	조리 용도에 따라 고명을 사용하는 능력			

포트폴리오

학습내용	평가 항목	성취수준		
		상	중	하
조림·초 재료 준비 및 손질	조리의 종류에 따라 다듬고, 썰고, 삶고, 데치고, 전처리할 수 있는 능력			
양념장 제조	양념장을 조절하여 간이 잘 맞게 하는 능력			
조림·초 조리하기	재료와 양념장의 비율, 첨가 시점을 조절하는 방법			
조림·초 담기 완성	분량에 따른 그릇을 선택하고 사진으로 남기는 능력			
	음식 종류에 따라 그릇 용도에 맞게 사용하는 능력			
	조리법과 조리 용도에 따라 곁들인 고명을 얹어 낼 수 있는 방법			

학습자 완성품 사진

고등어무조림

- 고등어 1마리(300g)
- 무 100g
- 대파 50g
- 풋고추 2개
- 붉은 고추 1개

삶는 물
- 물 1컵
- 소금 1/3큰술

양념장
- 간장 2큰술
- 고추장 1큰술
- 고춧가루 1큰술
- 설탕 1큰술
- 다진 대파 1큰술
- 다진 마늘 1/2큰술
- 다진 생강 1/2작은술
- 청주 1큰술
- 후춧가루 1/6작은술
- 물 1컵

만드는 법

재료 확인하기
1 고등어, 무, 대파, 풋고추, 붉은 고추, 소금, 간장, 설탕 등 확인하기

사용할 도구 선택하기
2 냄비, 프라이팬, 나무젓가락 등을 선택하여 준비한다.

재료 계량하기
3 각각의 재료 분량을 컵과 계량스푼, 저울로 계량하기

재료 준비하기
4 고등어는 지느러미와 내장을 제거하고 3cm 길이로 자른다.
5 무는 2cm 두께로 반달썰기를 한다.
6 대파는 어슷썰기를 한다.
7 고추는 어슷썰기를 하고 고추씨를 제거한다.

양념장 만들기
8 분량의 재료를 섞어 양념장을 만든다.

조리하기
9 끓는 소금물에 무를 데친다.
10 냄비에 무를 깔고 고등어를 얹는다. 양념장을 자작하게 부어 중불에서 끓여 약불로 조린다.
11 무와 고등어가 익어가면 대파, 고추를 얹어 맛이 잘 어우러지도록 끓인다.

담아 완성하기
12 고등어무조림 담을 그릇을 선택한다.
13 고등어무조림을 따뜻하게 담아낸다.

학습
평가

서술형 시험

학습내용	평가 항목	성취수준		
		상	중	하
조림·초 재료 준비 및 손질	조림·초 조리에 따라 도구와 재료를 준비하는 능력			
양념장 제조	염도와 당도를 비율에 맞게 조절할 수 있는 방법			
조림·초 조리하기	재료의 투입순서를 정하여 조림을 만드는 방법			
	메뉴에 따라 불 조절하여 조리하는 방법			
조림·초 담기 완성	계절에 적합한 그릇을 선택하는 방법			
	서비스 방법에 따라 담는 방법			

평가자 체크리스트

학습내용	평가 항목	성취수준		
		상	중	하
조림·초 재료 준비 및 손질	조리에 필요한 재료와 도구를 준비하는 능력			
	사용할 재료를 필요량에 맞게 계량하는 능력			
	재료에 따라 전처리를 하는 능력			
양념장 제조	양념장을 비율대로 만드는 능력			
조림·초 조리하기	식재료에 따라 육수 양을 조절하는 능력			
	불의 세기를 조절하여 맛과 익힘의 정도를 조절하는 능력			
조림·초 담기 완성	메뉴와 어울리는 그릇을 선택하는 능력			
	음식에 고명을 올려서 완성하는 능력			

작업장 평가

학습내용	평가 항목	성취수준		
		상	중	하
조림·초 재료 준비 및 손질	조림·초 조리에 적합한 재료 계량 능력			
	음식에 적합한 재료 손질 능력			
	재료별 씻기 및 물에 담그는 능력			
양념장 제조	양념장을 비율대로 만드는 능력			
조림·초 조리하기	재료와 양념장의 비율, 첨가 시점을 조절하는 방법			
	불의 세기를 조절하는 시기와 능력			
조림·초 담기 완성	조리법과 인원에 따라 그릇을 선택하는 능력			
	음식에 맞는 그릇의 종류를 선택하는 능력			
	조리 용도에 따라 고명을 사용하는 능력			

포트폴리오

학습내용	평가 항목	성취수준		
		상	중	하
조림·초 재료 준비 및 손질	조리의 종류에 따라 다듬고, 썰고, 삶고, 데치고, 전처리할 수 있는 능력			
양념장 제조	양념장을 조절하여 간이 잘 맞게 하는 능력			
조림·초 조리하기	재료와 양념장의 비율, 첨가 시점을 조절하는 방법			
조림·초 담기 완성	분량에 따른 그릇을 선택하고 사진으로 남기는 능력			
	음식 종류에 따라 그릇 용도에 맞게 사용하는 능력			
	조리법과 조리 용도에 따라 곁들인 고명을 얹어 낼 수 있는 방법			

학습자 완성품 사진

삼치조림

재료

- 삼치 1마리(500g)
- 삶은 시래기 200g
- 생강 10g
- 대파 1/2대
- 청양고추 2개
- 쌀뜨물 적당량

양념장
- 간장 2큰술
- 고추장 1큰술
- 고춧가루 4큰술
- 설탕 2큰술
- 다진 마늘 1큰술
- 다진 생강 1/2작은술
- 청주 1큰술
- 후춧가루 1/6작은술

만드는 법

재료 확인하기
1 삼치, 삶은 시래기, 생강, 대파, 청양고추, 간장, 설탕 등 확인하기

사용할 도구 선택하기
2 냄비, 나무젓가락 등을 선택하여 준비한다.

재료 계량하기
3 각각의 재료 분량을 컵과 계량스푼, 저울로 계량하기

재료 준비하기
4 삼치는 지느러미와 내장을 제거하고 6cm 길이로 자른다. 어슷하게
  칼집을 낸다.
5 삶은 시래기는 껍질을 벗겨 6cm로 자르고 생강은 편으로 썬다.
6 대파와 청양고추는 어슷썬다.

양념장 만들기
7 분량의 재료를 섞어 양념장을 만든다.

조리하기
8 시래기를 양념장에 무쳐 냄비 바닥에 깔고 삼치와 생강, 고추를 올리
  고 쌀뜨물을 부어 끓이다 대파를 넣고 조린다. 국물을 중간중간 끼얹
  으며 조린다.

담아 완성하기
9 삼치조림 담을 그릇을 선택한다.
10 삼치조림을 따뜻하게 담아낸다.

학습
평가

서술형 시험

학습내용	평가 항목	성취수준		
		상	중	하
조림·초 재료 준비 및 손질	조림·초 조리에 따라 도구와 재료를 준비하는 능력			
양념장 제조	염도와 당도를 비율에 맞게 조절할 수 있는 방법			
조림·초 조리하기	재료의 투입순서를 정하여 조림을 만드는 방법			
	메뉴에 따라 불 조절하여 조리하는 방법			
조림·초 담기 완성	계절에 적합한 그릇을 선택하는 방법			
	서비스 방법에 따라 담는 방법			

평가자 체크리스트

학습내용	평가 항목	성취수준		
		상	중	하
조림·초 재료 준비 및 손질	조리에 필요한 재료와 도구를 준비하는 능력			
	사용할 재료를 필요량에 맞게 계량하는 능력			
	재료에 따라 전처리를 하는 능력			
양념장 제조	양념장을 비율대로 만드는 능력			
조림·초 조리하기	식재료에 따라 육수 양을 조절하는 능력			
	불의 세기를 조절하여 맛과 익힘의 정도를 조절하는 능력			
조림·초 담기 완성	메뉴와 어울리는 그릇을 선택하는 능력			
	음식에 고명을 올려서 완성하는 능력			

작업장 평가

학습내용	평가 항목	성취수준		
		상	중	하
조림·초 재료 준비 및 손질	조림·초 조리에 적합한 재료 계량 능력			
	음식에 적합한 재료 손질 능력			
	재료별 씻기 및 물에 담그는 능력			
양념장 제조	양념장을 비율대로 만드는 능력			
조림·초 조리하기	재료와 양념장의 비율, 첨가 시점을 조절하는 방법			
	불의 세기를 조절하는 시기와 능력			
조림·초 담기 완성	조리법과 인원에 따라 그릇을 선택하는 능력			
	음식에 맞는 그릇의 종류를 선택하는 능력			
	조리 용도에 따라 고명을 사용하는 능력			

포트폴리오

학습내용	평가 항목	성취수준		
		상	중	하
조림·초 재료 준비 및 손질	조리의 종류에 따라 다듬고, 썰고, 삶고, 데치고, 전처리할 수 있는 능력			
양념장 제조	양념장을 조절하여 간이 잘 맞게 하는 능력			
조림·초 조리하기	재료와 양념장의 비율, 첨가 시점을 조절하는 방법			
조림·초 담기 완성	분량에 따른 그릇을 선택하고 사진으로 남기는 능력			
	음식 종류에 따라 그릇 용도에 맞게 사용하는 능력			
	조리법과 조리 용도에 따라 곁들인 고명을 얹어 낼 수 있는 방법			

학습자 완성품 사진

돼지고기장조림

재료

- 돼지고기 안심 300g
- 마늘 30g
- 마른 고추 2개

삶는 물
- 물 3컵
- 파 10g
- 마늘 20g
- 생강 10g
- 통후추 5g

양념장
- 간장 5½큰술
- 설탕 2큰술
- 청주 4큰술

만드는 법

재료 확인하기
1 돼지고기, 마늘, 마른 고추, 파, 마늘, 생강 등 확인하기

사용할 도구 선택하기
2 냄비, 프라이팬, 나무젓가락 등을 선택하여 준비한다.

재료 계량하기
3 각각의 재료 분량을 컵과 계량스푼, 저울로 계량하기

재료 준비하기
4 돼지고기는 찬물에 담가 핏물을 제거한다.
5 마늘은 꼭지를 제거하고 편으로 썬다.
6 마른 고추는 깨끗이 닦아 어슷하게 썬다.

양념장 만들기
7 분량의 재료를 섞어 양념장을 만든다.

조리하기
8 냄비에 물을 끓여 돼지고기와 파, 마늘, 생강, 통후추를 넣고 30~40
  분 정도 삶는다.
9 분량의 양념장을 넣어 조린다.
10 돼지고기는 식혀 결대로 찢어 놓는다.

담아 완성하기
11 돼지고기장조림 담을 그릇을 선택한다.
12 돼지고기와 마늘을 보기 좋게 담고 국물을 함께 담아낸다.

학습
평가

서술형 시험

학습내용	평가 항목	성취수준		
		상	중	하
조림·초 재료 준비 및 손질	조림·초 조리에 따라 도구와 재료를 준비하는 능력			
양념장 제조	염도와 당도를 비율에 맞게 조절할 수 있는 방법			
조림·초 조리하기	재료의 투입순서를 정하여 조림을 만드는 방법			
	메뉴에 따라 불 조절하여 조리하는 방법			
조림·초 담기 완성	계절에 적합한 그릇을 선택하는 방법			
	서비스 방법에 따라 담는 방법			

평가자 체크리스트

학습내용	평가 항목	성취수준		
		상	중	하
조림·초 재료 준비 및 손질	조리에 필요한 재료와 도구를 준비하는 능력			
	사용할 재료를 필요량에 맞게 계량하는 능력			
	재료에 따라 전처리를 하는 능력			
양념장 제조	양념장을 비율대로 만드는 능력			
조림·초 조리하기	식재료에 따라 육수 양을 조절하는 능력			
	불의 세기를 조절하여 맛과 익힘의 정도를 조절하는 능력			
조림·초 담기 완성	메뉴와 어울리는 그릇을 선택하는 능력			
	음식에 고명을 올려서 완성하는 능력			

작업장 평가

학습내용	평가 항목	성취수준		
		상	중	하
조림·초 재료 준비 및 손질	조림·초 조리에 적합한 재료 계량 능력			
	음식에 적합한 재료 손질 능력			
	재료별 씻기 및 물에 담그는 능력			
양념장 제조	양념장을 비율대로 만드는 능력			
조림·초 조리하기	재료와 양념장의 비율, 첨가 시점을 조절하는 방법			
	불의 세기를 조절하는 시기와 능력			
조림·초 담기 완성	조리법과 인원에 따라 그릇을 선택하는 능력			
	음식에 맞는 그릇의 종류를 선택하는 능력			
	조리 용도에 따라 고명을 사용하는 능력			

포트폴리오

학습내용	평가 항목	성취수준		
		상	중	하
조림·초 재료 준비 및 손질	조리의 종류에 따라 다듬고, 썰고, 삶고, 데치고, 전처리할 수 있는 능력			
양념장 제조	양념장을 조절하여 간이 잘 맞게 하는 능력			
조림·초 조리하기	재료와 양념장의 비율, 첨가 시점을 조절하는 방법			
조림·초 담기 완성	분량에 따른 그릇을 선택하고 사진으로 남기는 능력			
	음식 종류에 따라 그릇 용도에 맞게 사용하는 능력			
	조리법과 조리 용도에 따라 곁들인 고명을 얹어 낼 수 있는 방법			

학습자 완성품 사진

소고기장조림

재료

- 소고기(우둔) 200g
- 마늘 30g
- 꽈리고추 50g

삶는 물
- 물 3컵
- 파 10g
- 마늘 20g
- 통후추 5g

양념
- 간장 5½큰술
- 청주 2큰술
- 설탕 2큰술

만드는 법

재료 확인하기

1 소고기 우둔, 꽈리고추, 대파, 마늘, 통후추 등 확인하기

사용할 도구 선택하기

2 냄비, 나무젓가락 등을 선택하여 준비한다.

재료 계량하기

3 각각의 재료 분량을 컵과 계량스푼, 저울로 계량하기

재료 준비하기

4 소고기는 핏물을 제거하고 덩어리를 4등분한다.

5 마늘은 꼭지를 제거하고, 꽈리고추는 꼭지를 떼고 깨끗이 씻어 놓는다.

양념장 만들기

6 분량의 재료를 섞어 양념장을 만든다.

조리하기

7 냄비에 물을 끓여 소고기와 대파, 마늘, 통후추를 넣고 30~40분 정도 삶는다.

8 향채는 건져내고 소고기 삶은 물에 양념장을 넣어 간장국물이 절반이 되도록 30분 정도 끓여 조림장을 만든다.

9 조림장에 마늘, 삶은 소고기를 넣어 10분 정도 끓이고, 꽈리고추를 넣어 3분 정도 더 끓인다.

10 소고기는 식혀 결대로 찢어 놓는다.

담아 완성하기

11 소고기장조림 담을 그릇을 선택한다.

12 소고기와 꽈리고추, 마늘을 보기 좋게 담고 국물을 함께 담아낸다.

서술형 시험

학습내용	평가 항목	성취수준		
		상	중	하
조림·초 재료 준비 및 손질	조림·초 조리에 따라 도구와 재료를 준비하는 능력			
양념장 제조	염도와 당도를 비율에 맞게 조절할 수 있는 방법			
조림·초 조리하기	재료의 투입순서를 정하여 조림을 만드는 방법			
	메뉴에 따라 불 조절하여 조리하는 방법			
조림·초 담기 완성	계절에 적합한 그릇을 선택하는 방법			
	서비스 방법에 따라 담는 방법			

평가자 체크리스트

학습내용	평가 항목	성취수준		
		상	중	하
조림·초 재료 준비 및 손질	조리에 필요한 재료와 도구를 준비하는 능력			
	사용할 재료를 필요량에 맞게 계량하는 능력			
	재료에 따라 전처리를 하는 능력			
양념장 제조	양념장을 비율대로 만드는 능력			
조림·초 조리하기	식재료에 따라 육수 양을 조절하는 능력			
	불의 세기를 조절하여 맛과 익힘의 정도를 조절하는 능력			
조림·초 담기 완성	메뉴와 어울리는 그릇을 선택하는 능력			
	음식에 고명을 올려서 완성하는 능력			

작업장 평가

학습내용	평가 항목	성취수준		
		상	중	하
조림·초 재료 준비 및 손질	조림·초 조리에 적합한 재료 계량 능력			
	음식에 적합한 재료 손질 능력			
	재료별 씻기 및 물에 담그는 능력			
양념장 제조	양념장을 비율대로 만드는 능력			
조림·초 조리하기	재료와 양념장의 비율, 첨가 시점을 조절하는 방법			
	불의 세기를 조절하는 시기와 능력			
조림·초 담기 완성	조리법과 인원에 따라 그릇을 선택하는 능력			
	음식에 맞는 그릇의 종류를 선택하는 능력			
	조리 용도에 따라 고명을 사용하는 능력			

포트폴리오

학습내용	평가 항목	성취수준		
		상	중	하
조림·초 재료 준비 및 손질	조리의 종류에 따라 다듬고, 썰고, 삶고, 데치고, 전처리할 수 있는 능력			
양념장 제조	양념장을 조절하여 간이 잘 맞게 하는 능력			
조림·초 조리하기	재료와 양념장의 비율, 첨가 시점을 조절하는 방법			
조림·초 담기 완성	분량에 따른 그릇을 선택하고 사진으로 남기는 능력			
	음식 종류에 따라 그릇 용도에 맞게 사용하는 능력			
	조리법과 조리 용도에 따라 곁들인 고명을 얹어 낼 수 있는 방법			

학습자 완성품 사진

달걀조림

재료

- 달걀 5개

조림장
- 물 1/2컵
- 간장 5큰술
- 설탕 1큰술
- 청주 1큰술
- 대파 10g
- 마늘 10g
- 생강 10g

만드는 법

재료 확인하기
1 달걀, 간장, 설탕, 청주, 대파, 마늘 생강, 물 확인하기

사용할 도구 선택하기
2 냄비, 나무젓가락 등을 선택하여 준비한다.

재료 계량하기
3 각각의 재료 분량을 컵과 계량스푼, 저울로 계량하기

재료 준비하기
4 달걀은 완숙으로 삶아 껍질을 까놓는다.
5 마늘과 생강은 편으로 썬다.

양념장 만들기
6 분량의 재료를 섞어 양념장을 만든다.

조리하기
7 냄비에 양념장과 삶은 달걀을 넣고 조림장이 3큰술 남을 때까지 조린다.
8 파, 마늘, 생강은 건진다.

담아 완성하기
9 달걀조림 담을 그릇을 선택한다.
10 달걀조림을 먹음직스럽게 담아낸다.

서술형 시험

학습내용	평가 항목	성취수준		
		상	중	하
조림·초 재료 준비 및 손질	조림·초 조리에 따라 도구와 재료를 준비하는 능력			
양념장 제조	염도와 당도를 비율에 맞게 조절할 수 있는 방법			
조림·초 조리하기	재료의 투입순서를 정하여 조림을 만드는 방법			
	메뉴에 따라 불 조절하여 조리하는 방법			
조림·초 담기 완성	계절에 적합한 그릇을 선택하는 방법			
	서비스 방법에 따라 담는 방법			

평가자 체크리스트

학습내용	평가 항목	성취수준		
		상	중	하
조림·초 재료 준비 및 손질	조리에 필요한 재료와 도구를 준비하는 능력			
	사용할 재료를 필요량에 맞게 계량하는 능력			
	재료에 따라 전처리를 하는 능력			
양념장 제조	양념장을 비율대로 만드는 능력			
조림·초 조리하기	식재료에 따라 육수 양을 조절하는 능력			
	불의 세기를 조절하여 맛과 익힘의 정도를 조절하는 능력			
조림·초 담기 완성	메뉴와 어울리는 그릇을 선택하는 능력			
	음식에 고명을 올려서 완성하는 능력			

작업장 평가

학습내용	평가 항목	성취수준		
		상	중	하
조림·초 재료 준비 및 손질	조림·초 조리에 적합한 재료 계량 능력			
	음식에 적합한 재료 손질 능력			
	재료별 씻기 및 물에 담그는 능력			
양념장 제조	양념장을 비율대로 만드는 능력			
조림·초 조리하기	재료와 양념장의 비율, 첨가 시점을 조절하는 방법			
	불의 세기를 조절하는 시기와 능력			
조림·초 담기 완성	조리법과 인원에 따라 그릇을 선택하는 능력			
	음식에 맞는 그릇의 종류를 선택하는 능력			
	조리 용도에 따라 고명을 사용하는 능력			

포트폴리오

학습내용	평가 항목	성취수준		
		상	중	하
조림·초 재료 준비 및 손질	조리의 종류에 따라 다듬고, 썰고, 삶고, 데치고, 전처리할 수 있는 능력			
양념장 제조	양념장을 조절하여 간이 잘 맞게 하는 능력			
조림·초 조리하기	재료와 양념장의 비율, 첨가 시점을 조절하는 방법			
조림·초 담기 완성	분량에 따른 그릇을 선택하고 사진으로 남기는 능력			
	음식 종류에 따라 그릇 용도에 맞게 사용하는 능력			
	조리법과 조리 용도에 따라 곁들인 고명을 얹어 낼 수 있는 방법			

학습자 완성품 사진

전복초

재료

- 전복(중) 3개(400g)
- 소고기 50g
- 마늘 2톨
- 잣가루 1작은술
- 참기름 1작은술

삶는 물
- 물 1컵
- 소금 1/4작은술

양념장
- 간장 1큰술
- 설탕 1큰술
- 전복 삶은 물 1/2컵
- 후춧가루 약간

녹말물
- 녹말가루 1큰술
- 물 1큰술

만드는 법

재료 확인하기
1 전복, 소고기, 마늘, 잣가루, 참기름, 소금, 간장, 설탕 등 확인하기

사용할 도구 선택하기
2 냄비, 프라이팬, 나무젓가락 등을 선택하여 준비한다.

재료 계량하기
3 각각의 재료 분량을 컵과 계량스푼, 저울로 계량하기

재료 준비하기
4 전복은 껍질째 솔로 문질러 씻고 살 겉쪽의 검은색 막은 소금으로 문질러 씻어낸다.
5 소고기는 납작납작하게 썬다.
6 마늘은 편으로 썬다.

양념장 만들기
7 냄비에 분량의 재료를 섞어 양념장을 만든다.

조리하기
8 전복은 소금물에 살짝 삶아서 얇게 저민다.
9 양념장이 끓어오르면 소고기를 넣어 살짝 익히고 전복과 마늘을 넣어 약한 불에서 서서히 조린다. 중간에 양념장을 끼얹어주며 조린다.
10 국물이 3큰술 정도 남으면 녹말물을 넣어 섞고, 참기름을 넣어 윤기를 낸다.

담아 완성하기
11 전복초 담을 그릇을 선택한다.
12 전복초를 그릇에 담아낸다. 잣가루를 뿌린다.

서술형 시험

학습내용	평가 항목	성취수준		
		상	중	하
조림·초 재료 준비 및 손질	조림·초 조리에 따라 도구와 재료를 준비하는 능력			
양념장 제조	염도와 당도를 비율에 맞게 조절할 수 있는 방법			
조림·초 조리하기	재료의 투입순서를 정하여 조림을 만드는 방법			
	메뉴에 따라 불 조절하여 조리하는 방법			
조림·초 담기 완성	계절에 적합한 그릇을 선택하는 방법			
	서비스 방법에 따라 담는 방법			

평가자 체크리스트

학습내용	평가 항목	성취수준		
		상	중	하
조림·초 재료 준비 및 손질	조리에 필요한 재료와 도구를 준비하는 능력			
	사용할 재료를 필요량에 맞게 계량하는 능력			
	재료에 따라 전처리를 하는 능력			
양념장 제조	양념장을 비율대로 만드는 능력			
조림·초 조리하기	식재료에 따라 육수 양을 조절하는 능력			
	불의 세기를 조절하여 맛과 익힘의 정도를 조절하는 능력			
조림·초 담기 완성	메뉴와 어울리는 그릇을 선택하는 능력			
	음식에 고명을 올려서 완성하는 능력			

작업장 평가

학습내용	평가 항목	성취수준		
		상	중	하
조림·초 재료 준비 및 손질	조림·초 조리에 적합한 재료 계량 능력			
	음식에 적합한 재료 손질 능력			
	재료별 씻기 및 물에 담그는 능력			
양념장 제조	양념장을 비율대로 만드는 능력			
조림·초 조리하기	재료와 양념장의 비율, 첨가 시점을 조절하는 방법			
	불의 세기를 조절하는 시기와 능력			
조림·초 담기 완성	조리법과 인원에 따라 그릇을 선택하는 능력			
	음식에 맞는 그릇의 종류를 선택하는 능력			
	조리 용도에 따라 고명을 사용하는 능력			

포트폴리오

학습내용	평가 항목	성취수준		
		상	중	하
조림·초 재료 준비 및 손질	조리의 종류에 따라 다듬고, 썰고, 삶고, 데치고, 전처리할 수 있는 능력			
양념장 제조	양념장을 조절하여 간이 잘 맞게 하는 능력			
조림·초 조리하기	재료와 양념장의 비율, 첨가 시점을 조절하는 방법			
조림·초 담기 완성	분량에 따른 그릇을 선택하고 사진으로 남기는 능력			
	음식 종류에 따라 그릇 용도에 맞게 사용하는 능력			
	조리법과 조리 용도에 따라 곁들인 고명을 얹어 낼 수 있는 방법			

학습자 완성품 사진

삼합장과

재료

- 생홍합살 50g
- 소금 1작은술
- 전복 100g
- 굵은소금 1큰술
- 불린 해삼 100g
- 소고기 30g

양념장
- 물 1컵
- 간장 2큰술
- 설탕 1큰술
- 다진 대파 1큰술
- 다진 마늘 1/2큰술
- 생강즙 1/2작은술
- 참기름 1작은술

녹말물
- 녹말가루 1큰술
- 물 1큰술

만드는 법

재료 확인하기
1 생홍합살, 전복, 굵은소금, 대파, 마늘, 생강, 참기름 등 확인하기

사용할 도구 선택하기
2 냄비, 프라이팬, 나무젓가락 등을 선택하여 준비한다.

재료 계량하기
3 각각의 재료 분량을 컵과 계량스푼, 저울로 계량하기

재료 준비하기
4 홍합은 소금물에 씻어 물기를 뺀다.
5 전복은 솔에 소금을 묻혀 비벼 닦고, 숟가락으로 살을 분리한 뒤 내장을 제거한다. 칼집을 넣어 저며 썬다.
6 불린 해삼은 손톱으로 내장을 제거하여 4cm 크기로 썬다.
7 소고기는 3cm 크기로 저며 썬다.

양념장 만들기
8 냄비에 분량의 재료를 섞어 양념장을 만든다.

조리하기
9 끓는 물에 홍합을 데친다.
10 양념장이 끓으면 소고기를 넣어 중간불에서 익힌다. 고기가 익으면 홍합, 전복, 해삼을 넣어 약불에서 조린다. 중간에 양념장을 끼얹어 주며 조린다.
11 국물이 자작해지면 녹말물을 끼얹어 뒤적인다.

담아 완성하기
12 삼합장과 담을 그릇을 선택한다.
13 삼합장과를 먹음직스럽게 담아낸다.

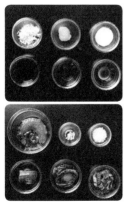

학습
평가

▌서술형 시험

학습내용	평가 항목	성취수준		
		상	중	하
조림·초 재료 준비 및 손질	조림·초 조리에 따라 도구와 재료를 준비하는 능력			
양념장 제조	염도와 당도를 비율에 맞게 조절할 수 있는 방법			
조림·초 조리하기	재료의 투입순서를 정하여 조림을 만드는 방법			
	메뉴에 따라 불 조절하여 조리하는 방법			
조림·초 담기 완성	계절에 적합한 그릇을 선택하는 방법			
	서비스 방법에 따라 담는 방법			

▌평가자 체크리스트

학습내용	평가 항목	성취수준		
		상	중	하
조림·초 재료 준비 및 손질	조리에 필요한 재료와 도구를 준비하는 능력			
	사용할 재료를 필요량에 맞게 계량하는 능력			
	재료에 따라 전처리를 하는 능력			
양념장 제조	양념장을 비율대로 만드는 능력			
조림·초 조리하기	식재료에 따라 육수 양을 조절하는 능력			
	불의 세기를 조절하여 맛과 익힘의 정도를 조절하는 능력			
조림·초 담기 완성	메뉴와 어울리는 그릇을 선택하는 능력			
	음식에 고명을 올려서 완성하는 능력			

▌작업장 평가

학습내용	평가 항목	성취수준		
		상	중	하
조림·초 재료 준비 및 손질	조림·초 조리에 적합한 재료 계량 능력			
	음식에 적합한 재료 손질 능력			
	재료별 씻기 및 물에 담그는 능력			
양념장 제조	양념장을 비율대로 만드는 능력			
조림·초 조리하기	재료와 양념장의 비율, 첨가 시점을 조절하는 방법			
	불의 세기를 조절하는 시기와 능력			
조림·초 담기 완성	조리법과 인원에 따라 그릇을 선택하는 능력			
	음식에 맞는 그릇의 종류를 선택하는 능력			
	조리 용도에 따라 고명을 사용하는 능력			

포트폴리오

학습내용	평가 항목	성취수준		
		상	중	하
조림·초 재료 준비 및 손질	조리의 종류에 따라 다듬고, 썰고, 삶고, 데치고, 전처리할 수 있는 능력			
양념장 제조	양념장을 조절하여 간이 잘 맞게 하는 능력			
조림·초 조리하기	재료와 양념장의 비율, 첨가 시점을 조절하는 방법			
조림·초 담기 완성	분량에 따른 그릇을 선택하고 사진으로 남기는 능력			
	음식 종류에 따라 그릇 용도에 맞게 사용하는 능력			
	조리법과 조리 용도에 따라 곁들인 고명을 얹어 낼 수 있는 방법			

학습자 완성품 사진

갈치조림

재료

- 갈치 1마리
- 무 160g
- 붉은 고추 1개
- 청양고추 2개
- 대파 100g
- 양파 50g

양념

- 고춧가루 2큰술
- 간장 2큰술
- 설탕 1큰술
- 다진 마늘 1큰술
- 다진 생강 1작은술
- 청주 1큰술
- 후춧가루 1/6작은술

만드는 법

재료 확인하기

1 갈치, 무, 붉은 고추, 청양고추, 대파, 양파, 고춧가루, 간장, 설탕, 마늘, 생강, 청주, 후춧가루 등을 확인하기

사용할 도구 선택하기

2 냄비, 도마, 칼, 가위, 나무젓가락 등 준비하기

재료 계량하기

3 각각의 재료분량을 컵과 저울 등으로 계량하기

재료 준비하기

4 갈치는 씻어서 가위로 지느러미를 제거하고 칼로 비늘을 제거한 다음 토막을 낸다.
5 무는 3cm×4cm×0.5cm 크기로 썬다.
6 붉은 고추, 청양고추, 대파는 어슷썰기를 한다.
7 양파는 2cm 두께로 채 썬다.

조리하기

8 냄비에 무와 물 2컵을 넣어 끓인다.
9 무가 투명하게 익으면 손질한 갈치, 고춧가루, 간장, 설탕, 마늘, 생강, 청주, 후춧가루를 넣어 센 불로 끓인다.
10 붉은 고추, 청양고추, 대파, 양파를 넣어 한소끔 더 중불로 끓인다. 맛이 어우러지면 불을 끈다.

담아 완성하기

11 갈치조림 담을 그릇을 선택한다.
12 그릇에 갈치조림을 보기 좋게 담는다.

학습
평가

서술형 시험

학습내용	평가 항목	성취수준		
		상	중	하
조림·초 재료 준비 및 손질	조림·초 조리에 따라 도구와 재료를 준비하는 능력			
양념장 제조	염도와 당도를 비율에 맞게 조절할 수 있는 방법			
조림·초 조리하기	재료의 투입순서를 정하여 조림을 만드는 방법			
	메뉴에 따라 불 조절하여 조리하는 방법			
조림·초 담기 완성	계절에 적합한 그릇을 선택하는 방법			
	서비스 방법에 따라 담는 방법			

평가자 체크리스트

학습내용	평가 항목	성취수준		
		상	중	하
조림·초 재료 준비 및 손질	조리에 필요한 재료와 도구를 준비하는 능력			
	사용할 재료를 필요량에 맞게 계량하는 능력			
	재료에 따라 전처리를 하는 능력			
양념장 제조	양념장을 비율대로 만드는 능력			
조림·초 조리하기	식재료에 따라 육수 양을 조절하는 능력			
	불의 세기를 조절하여 맛과 익힘의 정도를 조절하는 능력			
조림·초 담기 완성	메뉴와 어울리는 그릇을 선택하는 능력			
	음식에 고명을 올려서 완성하는 능력			

작업장 평가

학습내용	평가 항목	성취수준		
		상	중	하
조림·초 재료 준비 및 손질	조림·초 조리에 적합한 재료 계량 능력			
	음식에 적합한 재료 손질 능력			
	재료별 씻기 및 물에 담그는 능력			
양념장 제조	양념장을 비율대로 만드는 능력			
조림·초 조리하기	재료와 양념장의 비율, 첨가 시점을 조절하는 방법			
	불의 세기를 조절하는 시기와 능력			
조림·초 담기 완성	조리법과 인원에 따라 그릇을 선택하는 능력			
	음식에 맞는 그릇의 종류를 선택하는 능력			
	조리 용도에 따라 고명을 사용하는 능력			

포트폴리오

학습내용	평가 항목	성취수준		
		상	중	하
조림·초 재료 준비 및 손질	조리의 종류에 따라 다듬고, 썰고, 삶고, 데치고, 전처리할 수 있는 능력			
양념장 제조	양념장을 조절하여 간이 잘 맞게 하는 능력			
조림·초 조리하기	재료와 양념장의 비율, 첨가 시점을 조절하는 방법			
조림·초 담기 완성	분량에 따른 그릇을 선택하고 사진으로 남기는 능력			
	음식 종류에 따라 그릇 용도에 맞게 사용하는 능력			
	조리법과 조리 용도에 따라 곁들인 고명을 얹어 낼 수 있는 방법			

학습자 완성품 사진

소라조림

- 냉동소라 200g
- 마늘 3개
- 풋고추 1/2개
- 붉은 고추 1/2개
- 양파 30g
- 대파 50g
- 참기름 1/2작은술
- 참깨 1/3작은술
- 소금 1/5작은술

조림장

- 간장 2큰술
- 설탕 1큰술
- 물엿 1큰술
- 청주 1큰술
- 생강편 10g
- 후춧가루 약간
- 물 1/4컵

재료 확인하기

1 냉동소라, 마늘, 풋고추, 붉은 고추, 양파, 대파, 참기름, 참깨, 소금, 간장, 설탕, 물엿, 청주, 생강즙 등을 확인하기

사용할 도구 선택하기

2 냄비, 도마, 칼, 주걱, 숟가락 등 준비하기

재료 계량하기

3 각각의 재료분량을 컵과 저울 등으로 계량하기

재료 준비하기

4 냉동소라는 0.5cm 두께로 편썰기한다.
5 마늘은 편으로 썬다.
6 풋고추, 붉은 고추, 대파는 2cm 길이로 썬다.
7 양파는 2cm×2cm 크기로 썬다.

조리하기

8 냄비에 물이 끓으면 소금을 약간 넣고 썬 소라를 빠르게 데친다.
9 냄비에 조림장 재료를 넣어 끓어오르면 데친 소라, 마늘, 풋고추, 붉은 고추, 대파를 넣어 조린다.
10 국물이 3큰술 정도 남으면 참기름, 참깨를 넣어 버무리고 불을 끈다.

담아 완성하기

11 소라조림 담을 그릇을 선택한다.
12 그릇에 소라조림을 보기 좋게 담는다.

서술형 시험

학습내용	평가 항목	성취수준		
		상	중	하
조림·초 재료 준비 및 손질	조림·초 조리에 따라 도구와 재료를 준비하는 능력			
양념장 제조	염도와 당도를 비율에 맞게 조절할 수 있는 방법			
조림·초 조리하기	재료의 투입순서를 정하여 조림을 만드는 방법			
	메뉴에 따라 불 조절하여 조리하는 방법			
조림·초 담기 완성	계절에 적합한 그릇을 선택하는 방법			
	서비스 방법에 따라 담는 방법			

평가자 체크리스트

학습내용	평가 항목	성취수준		
		상	중	하
조림·초 재료 준비 및 손질	조리에 필요한 재료와 도구를 준비하는 능력			
	사용할 재료를 필요량에 맞게 계량하는 능력			
	재료에 따라 전처리를 하는 능력			
양념장 제조	양념장을 비율대로 만드는 능력			
조림·초 조리하기	식재료에 따라 육수 양을 조절하는 능력			
	불의 세기를 조절하여 맛과 익힘의 정도를 조절하는 능력			
조림·초 담기 완성	메뉴와 어울리는 그릇을 선택하는 능력			
	음식에 고명을 올려서 완성하는 능력			

작업장 평가

학습내용	평가 항목	성취수준		
		상	중	하
조림·초 재료 준비 및 손질	조림·초 조리에 적합한 재료 계량 능력			
	음식에 적합한 재료 손질 능력			
	재료별 씻기 및 물에 담그는 능력			
양념장 제조	양념장을 비율대로 만드는 능력			
조림·초 조리하기	재료와 양념장의 비율, 첨가 시점을 조절하는 방법			
	불의 세기를 조절하는 시기와 능력			
조림·초 담기 완성	조리법과 인원에 따라 그릇을 선택하는 능력			
	음식에 맞는 그릇의 종류를 선택하는 능력			
	조리 용도에 따라 고명을 사용하는 능력			

포트폴리오

학습내용	평가 항목	성취수준		
		상	중	하
조림·초 재료 준비 및 손질	조리의 종류에 따라 다듬고, 썰고, 삶고, 데치고, 전처리할 수 있는 능력			
양념장 제조	양념장을 조절하여 간이 잘 맞게 하는 능력			
조림·초 조리하기	재료와 양념장의 비율, 첨가 시점을 조절하는 방법			
조림·초 담기 완성	분량에 따른 그릇을 선택하고 사진으로 남기는 능력			
	음식 종류에 따라 그릇 용도에 맞게 사용하는 능력			
	조리법과 조리 용도에 따라 곁들인 고명을 얹어 낼 수 있는 방법			

학습자 완성품 사진

코다리조림

- 코다리 2~3마리(700g)
- 무 50g
- 삶은 시래기 100g
- 가래떡 100g
- 청양고추 5개
- 참깨 1/3작은술

조림장

- 간장 3큰술
- 굵은 고춧가루 4큰술
- 고운 고춧가루 1큰술
- 고추장 2큰술
- 물엿 5큰술
- 다진 대파 3큰술
- 다진 마늘 1큰술
- 생강편 25g
- 미림 2큰술
- 후춧가루 1/3작은술
- 무 삶은 물 1/2컵

재료 확인하기

1 코다리, 무, 삶은 시래기, 가래떡, 참깨, 간장, 고춧가루, 물엿, 청양고추, 대파, 마늘, 생강, 미림, 후추 등을 확인하기

사용할 도구 선택하기

2 냄비, 도마, 칼, 가위, 주걱, 국자 등 준비하기

재료 계량하기

3 각각의 재료분량을 컵과 저울 등으로 계량하기

재료 준비하기

4 코다리는 가위로 지느러미를 제거하고 깨끗하게 씻는다.
5 무는 1cm 두께로 큼직하게 썬다.
6 삶은 시래기는 껍질을 제거하고 씻는다.
7 가래떡은 7cm 길이로 자르고, 가래떡과 무는 끓는 물에 데쳐서 말랑하게 만든다.
8 청양고추는 길이로 잘라 씨를 제거한다.

조리하기

9 냄비에 조림장 재료와 청양고추를 넣어 한소끔 끓인다. 코다리, 무, 삶은 시래기를 넣어 끓인다.
10 국물이 자작하게 조려지면 가래떡을 넣어 한소끔 더 끓이고 맛이 어우러지면 불을 끈다.

담아 완성하기

11 코다리조림 담을 그릇을 선택한다.
12 그릇에 코다리조림을 보기 좋게 담는다.

학습
평가

서술형 시험

학습내용	평가 항목	성취수준		
		상	중	하
조림·초 재료 준비 및 손질	조림·초 조리에 따라 도구와 재료를 준비하는 능력			
양념장 제조	염도와 당도를 비율에 맞게 조절할 수 있는 방법			
조림·초 조리하기	재료의 투입순서를 정하여 조림을 만드는 방법			
	메뉴에 따라 불 조절하여 조리하는 방법			
조림·초 담기 완성	계절에 적합한 그릇을 선택하는 방법			
	서비스 방법에 따라 담는 방법			

평가자 체크리스트

학습내용	평가 항목	성취수준		
		상	중	하
조림·초 재료 준비 및 손질	조리에 필요한 재료와 도구를 준비하는 능력			
	사용할 재료를 필요량에 맞게 계량하는 능력			
	재료에 따라 전처리를 하는 능력			
양념장 제조	양념장을 비율대로 만드는 능력			
조림·초 조리하기	식재료에 따라 육수 양을 조절하는 능력			
	불의 세기를 조절하여 맛과 익힘의 정도를 조절하는 능력			
조림·초 담기 완성	메뉴와 어울리는 그릇을 선택하는 능력			
	음식에 고명을 올려서 완성하는 능력			

작업장 평가

학습내용	평가 항목	성취수준		
		상	중	하
조림·초 재료 준비 및 손질	조림·초 조리에 적합한 재료 계량 능력			
	음식에 적합한 재료 손질 능력			
	재료별 씻기 및 물에 담그는 능력			
양념장 제조	양념장을 비율대로 만드는 능력			
조림·초 조리하기	재료와 양념장의 비율, 첨가 시점을 조절하는 방법			
	불의 세기를 조절하는 시기와 능력			
조림·초 담기 완성	조리법과 인원에 따라 그릇을 선택하는 능력			
	음식에 맞는 그릇의 종류를 선택하는 능력			
	조리 용도에 따라 고명을 사용하는 능력			

포트폴리오

학습내용	평가 항목	성취수준		
		상	중	하
조림·초 재료 준비 및 손질	조리의 종류에 따라 다듬고, 썰고, 삶고, 데치고, 전처리할 수 있는 능력			
양념장 제조	양념장을 조절하여 간이 잘 맞게 하는 능력			
조림·초 조리하기	재료와 양념장의 비율, 첨가 시점을 조절하는 방법			
조림·초 담기 완성	분량에 따른 그릇을 선택하고 사진으로 남기는 능력			
	음식 종류에 따라 그릇 용도에 맞게 사용하는 능력			
	조리법과 조리 용도에 따라 곁들인 고명을 얹어 낼 수 있는 방법			

학습자 완성품 사진

수험자 유의사항

1) 만드는 순서에 유의하며, 위생과 숙련된 기능평가를 위하여 조리작업 시 맛을 보지 않습니다.

2) 지정된 수험자 지참준비물 이외의 조리기구나 재료를 시험장 내에 지참할 수 없습니다.

3) 지급재료는 시험 전 확인하여 이상이 있을 경우 시험위원으로부터 조치를 받고 시험 중에는 재료의 교환 및 추가지급은 하지 않습니다.

4) 요구사항 및 지급재료의 규격은 "정도"의 의미를 포함하며, 재료의 크기에 따라 가감하여 채점됩니다.

5) 위생복, 위생모, 앞치마, 마스크를 착용하여야 하며, 시험장비 · 조리기구 취급 등 안전에 유의합니다.

6) 다음 사항은 실격에 해당하여 채점 대상에서 제외됩니다.

  가) 수험자 본인이 시험 도중 시험에 대한 포기 의사를 표현하는 경우

  나) 위생복, 위생모, 앞치마, 마스크를 착용하지 않은 경우

  다) 시험시간 내에 과제 두 가지를 제출하지 못한 경우

  라) 문제의 요구사항대로 과제의 수량이 만들어지지 않은 경우

  마) 구이를 조림 등으로 조리하여 완성품을 요구사항과 다르게 만든 경우

  바) 불을 사용하여 만든 조리작품이 작품특성에 벗어나는 정도로 타거나 익지 않은 경우

  사) 해당 과제의 지급재료 이외 재료를 사용하거나 석쇠 등 요구사항의 조리기구를 사용하지 않은 경우

  아) 지정된 수험자 지참준비물 이외의 조리기구를 조리에 사용한 경우

  자) 가스레인지 화구 2개 이상(2개 포함) 사용한 경우

  차) 시험 중 시설 · 장비(칼, 가스레인지 등) 사용 시 시험위원 및 타 수험자의 시험 진행에 위해를 일으킬 것으로 시험위원 전원이 합의하여 판단한 경우

  카) 요구사항에 표시된 실격 및 부정행위에 해당하는 경우

7) 항목별 배점은 위생상태 및 안전관리 5점, 조리기술 30점, 작품의 평가 15점입니다.

8) 시험시작 전 가벼운 몸 풀기(스트레칭) 동작으로 긴장을 풀고 시험을 시작합니다.

한식조리기능사
실기 품목

※ 주어진 재료를 사용하여 다음과 같이 두부조림을 만드시오.

가. 두부는 0.8cm×3cm×4.5cm로 써시오.

나. 8쪽을 제출하고, 촉촉하게 보이도록 국물을 약간 끼얹어 내시오.

다. 실고추와 파채를 고명으로 얹으시오.

두부조림

재료

- 두부 200g
- 대파 10g
- 식용유 2큰술
- 실고추 1g
- 소금 5g
- 후춧가루 1/8작은술

양념장

- 진간장 1/2큰술
- 설탕 1/2작은술
- 다진 대파 1작은술
- 다진 마늘 1/2작은술
- 참기름 1/2작은술
- 깨소금 1/2작은술

만드는 법

재료 확인하기

1 두부, 대파, 식용유, 실고추, 진간장, 마늘 등 확인하기

사용할 도구 선택하기

2 냄비, 프라이팬, 나무젓가락 등을 선택하여 준비한다.

재료 계량하기

3 각각의 재료 분량을 컵과 계량스푼, 저울로 계량하기

재료 준비하기

4 두부는 3cm×4.5cm×0.8cm 크기로 썰어 소금, 후추를 뿌린다.

양념장 만들기

5 분량의 재료를 섞어 양념장을 만든다.

조리하기

6 두부에 물기를 제거하고 달구어진 팬에 식용유를 두르고 지진다.
7 냄비에 지저낸 두부를 담고 양념장을 끼얹고 자작하게 물을 부어 조린다.

담아 완성하기

8 두부조림 담을 그릇을 선택한다.
9 두부조림 8쪽을 보기 좋게 담는다.

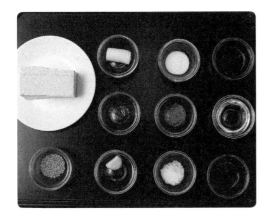

학습
평가

서술형 시험

학습내용	평가 항목	성취수준		
		상	중	하
조림·초 재료 준비 및 손질	조림·초 조리에 따라 도구와 재료를 준비하는 능력			
양념장 제조	염도와 당도를 비율에 맞게 조절할 수 있는 방법			
조림·초 조리하기	재료의 투입순서를 정하여 조림을 만드는 방법			
	메뉴에 따라 불 조절하여 조리하는 방법			
조림·초 담기 완성	계절에 적합한 그릇을 선택하는 방법			
	서비스 방법에 따라 담는 방법			

평가자 체크리스트

학습내용	평가 항목	성취수준		
		상	중	하
조림·초 재료 준비 및 손질	조리에 필요한 재료와 도구를 준비하는 능력			
	사용할 재료를 필요량에 맞게 계량하는 능력			
	재료에 따라 전처리를 하는 능력			
양념장 제조	양념장을 비율대로 만드는 능력			
조림·초 조리하기	식재료에 따라 육수 양을 조절하는 능력			
	불의 세기를 조절하여 맛과 익힘의 정도를 조절하는 능력			
조림·초 담기 완성	메뉴와 어울리는 그릇을 선택하는 능력			
	음식에 고명을 올려서 완성하는 능력			

작업장 평가

학습내용	평가 항목	성취수준		
		상	중	하
조림·초 재료 준비 및 손질	조림·초 조리에 적합한 재료 계량 능력			
	음식에 적합한 재료 손질 능력			
	재료별 씻기 및 물에 담그는 능력			
양념장 제조	양념장을 비율대로 만드는 능력			
조림·초 조리하기	재료와 양념장의 비율, 첨가 시점을 조절하는 방법			
	불의 세기를 조절하는 시기와 능력			
조림·초 담기 완성	조리법과 인원에 따라 그릇을 선택하는 능력			
	음식에 맞는 그릇의 종류를 선택하는 능력			
	조리 용도에 따라 고명을 사용하는 능력			

포트폴리오

학습내용	평가 항목	성취수준		
		상	중	하
조림·초 재료 준비 및 손질	조리의 종류에 따라 다듬고, 썰고, 삶고, 데치고, 전처리할 수 있는 능력			
양념장 제조	양념장을 조절하여 간이 잘 맞게 하는 능력			
조림·초 조리하기	재료와 양념장의 비율, 첨가 시점을 조절하는 방법			
조림·초 담기 완성	분량에 따른 그릇을 선택하고 사진으로 남기는 능력			
	음식 종류에 따라 그릇 용도에 맞게 사용하는 능력			
	조리법과 조리 용도에 따라 곁들인 고명을 얹어 낼 수 있는 방법			

학습자 완성품 사진

※ 주어진 재료를 사용하여 다음과 같이 홍합초를 만드시오.

가. 마늘과 생강은 편으로, 파는 2cm로 써시오.

나. 홍합은 전량 사용하고, 촉촉하게 보이도록 국물을 끼얹어 제출하시오.

다. 잣가루를 고명으로 얹으시오.

홍합초

재료

- 생홍합살 100g
- 대파 20g
- 마늘 10g
- 생강 1톨
- 잣 5개
- 참기름 1작은술

양념장

- 진간장 2큰술
- 설탕 2작은술
- 물 6큰술
- 후춧가루 약간

만드는 법

재료 확인하기

1 생홍합살, 대파, 마늘, 생강, 잣, 참기름, 소금, 진간장, 설탕 등 확인하기

사용할 도구 선택하기

2 냄비, 나무젓가락 등을 선택하여 준비한다.

재료 계량하기

3 각각의 재료 분량을 컵과 계량스푼, 저울로 계량하기

재료 준비하기

4 생홍합은 큰 것으로 골라서 붙어 있는 털을 떼어내고 다듬는다.
5 대파는 3cm로 썬다.
6 마늘과 생강은 편으로 썬다.
7 잣은 고깔을 떼고 마른 면포로 닦아 다진다.

양념장 만들기

8 냄비에 분량의 재료를 섞어 양념장을 만든다.

조리하기

9 홍합은 끓는 물에 살짝 데쳐서 건진다.
10 양념장에 대파, 마늘, 생강을 넣고 끓어오르면 홍합을 넣어 약한 불
   에서 서서히 조린다. 중간에 양념장을 끼얹어주며 조린다.
11 국물이 3큰술 정도 남으면, 참기름을 넣어 윤기를 낸다.

담아 완성하기

12 홍합초 담을 그릇을 선택한다.
13 홍합초를 담아낸다. 잣가루를 뿌린다.

학습
평가

서술형 시험

학습내용	평가 항목	성취수준		
		상	중	하
조림·초 재료 준비 및 손질	조림·초 조리에 따라 도구와 재료를 준비하는 능력			
양념장 제조	염도와 당도를 비율에 맞게 조절할 수 있는 방법			
조림·초 조리하기	재료의 투입순서를 정하여 조림을 만드는 방법			
	메뉴에 따라 불 조절하여 조리하는 방법			
조림·초 담기 완성	계절에 적합한 그릇을 선택하는 방법			
	서비스 방법에 따라 담는 방법			

평가자 체크리스트

학습내용	평가 항목	성취수준		
		상	중	하
조림·초 재료 준비 및 손질	조리에 필요한 재료와 도구를 준비하는 능력			
	사용할 재료를 필요량에 맞게 계량하는 능력			
	재료에 따라 전처리를 하는 능력			
양념장 제조	양념장을 비율대로 만드는 능력			
조림·초 조리하기	식재료에 따라 육수 양을 조절하는 능력			
	불의 세기를 조절하여 맛과 익힘의 정도를 조절하는 능력			
조림·초 담기 완성	메뉴와 어울리는 그릇을 선택하는 능력			
	음식에 고명을 올려서 완성하는 능력			

작업장 평가

학습내용	평가 항목	성취수준		
		상	중	하
조림·초 재료 준비 및 손질	조림·초 조리에 적합한 재료 계량 능력			
	음식에 적합한 재료 손질 능력			
	재료별 씻기 및 물에 담그는 능력			
양념장 제조	양념장을 비율대로 만드는 능력			
조림·초 조리하기	재료와 양념장의 비율, 첨가 시점을 조절하는 방법			
	불의 세기를 조절하는 시기와 능력			
조림·초 담기 완성	조리법과 인원에 따라 그릇을 선택하는 능력			
	음식에 맞는 그릇의 종류를 선택하는 능력			
	조리 용도에 따라 고명을 사용하는 능력			

포트폴리오

학습내용	평가 항목	성취수준		
		상	중	하
조림·초 재료 준비 및 손질	조리의 종류에 따라 다듬고, 썰고, 삶고, 데치고, 전처리할 수 있는 능력			
양념장 제조	양념장을 조절하여 간이 잘 맞게 하는 능력			
조림·초 조리하기	재료와 양념장의 비율, 첨가 시점을 조절하는 방법			
조림·초 담기 완성	분량에 따른 그릇을 선택하고 사진으로 남기는 능력			
	음식 종류에 따라 그릇 용도에 맞게 사용하는 능력			
	조리법과 조리 용도에 따라 곁들인 고명을 얹어 낼 수 있는 방법			

학습자 완성품 사진

▎일일 개인위생 점검표(입실준비)

점검 항목	착용 및 실시 여부	점검결과		
		양호	보통	미흡
조리모				
두발의 형태에 따른 손질(머리망 등)				
조리복 상의				
조리복 바지				
앞치마				
스카프				
안전화				
손톱의 길이 및 매니큐어 여부				
반지, 시계, 팔찌 등				
짙은 화장				
향수				
손 씻기				
상처유무 및 적절한 조치				
흰색 행주 지참				
사이드 타월				
개인용 조리도구				

점검일 :　년　월　일　　이름 :

▎일일 위생 점검표(퇴실준비)

점검일 :　년　월　일　　이름 :

점검 항목	착용 및 실시 여부	점검결과		
		양호	보통	미흡
그릇, 기물 세척 및 정리정돈				
기계, 도구, 장비 세척 및 정리정돈				
작업대 청소 및 물기 제거				
가스레인지 또는 인덕션 청소				
양념통 정리				
남은 재료 정리정돈				
음식 쓰레기 처리				
개수대 청소				
수도 주변 및 세제 관리				
바닥 청소				
청소도구 정리정돈				
전기 및 Gas 체크				

일일 개인위생 점검표(입실준비)

점검일 : 년 월 일   이름 :

점검 항목	착용 및 실시 여부	점검결과		
		양호	보통	미흡
조리모				
두발의 형태에 따른 손질(머리망 등)				
조리복 상의				
조리복 바지				
앞치마				
스카프				
안전화				
손톱의 길이 및 매니큐어 여부				
반지, 시계, 팔찌 등				
짙은 화장				
향수				
손 씻기				
상처유무 및 적절한 조치				
흰색 행주 지참				
사이드 타월				
개인용 조리도구				

일일 위생 점검표(퇴실준비)

점검일 : 년 월 일   이름 :

점검 항목	착용 및 실시 여부	점검결과		
		양호	보통	미흡
그릇, 기물 세척 및 정리정돈				
기계, 도구, 장비 세척 및 정리정돈				
작업대 청소 및 물기 제거				
가스레인지 또는 인덕션 청소				
양념통 정리				
남은 재료 정리정돈				
음식 쓰레기 처리				
개수대 청소				
수도 주변 및 세제 관리				
바닥 청소				
청소도구 정리정돈				
전기 및 Gas 체크				

일일 개인위생 점검표(입실준비)

점검일 : 년 월 일 이름 :				
점검 항목	착용 및 실시 여부	점검결과		
		양호	보통	미흡
조리모				
두발의 형태에 따른 손질(머리망 등)				
조리복 상의				
조리복 바지				
앞치마				
스카프				
안전화				
손톱의 길이 및 매니큐어 여부				
반지, 시계, 팔찌 등				
짙은 화장				
향수				
손 씻기				
상처유무 및 적절한 조치				
흰색 행주 지참				
사이드 타월				
개인용 조리도구				

일일 위생 점검표(퇴실준비)

점검일 : 년 월 일 이름 :				
점검 항목	착용 및 실시 여부	점검결과		
		양호	보통	미흡
그릇, 기물 세척 및 정리정돈				
기계, 도구, 장비 세척 및 정리정돈				
작업대 청소 및 물기 제거				
가스레인지 또는 인덕션 청소				
양념통 정리				
남은 재료 정리정돈				
음식 쓰레기 처리				
개수대 청소				
수도 주변 및 세제 관리				
바닥 청소				
청소도구 정리정돈				
전기 및 Gas 체크				

일일 개인위생 점검표(입실준비)

점검일 :   년   월   일   이름 :

점검 항목	착용 및 실시 여부	점검결과		
		양호	보통	미흡
조리모				
두발의 형태에 따른 손질(머리망 등)				
조리복 상의				
조리복 바지				
앞치마				
스카프				
안전화				
손톱의 길이 및 매니큐어 여부				
반지, 시계, 팔찌 등				
짙은 화장				
향수				
손 씻기				
상처유무 및 적절한 조치				
흰색 행주 지참				
사이드 타월				
개인용 조리도구				

일일 위생 점검표(퇴실준비)

점검일 :   년   월   일   이름 :

점검 항목	착용 및 실시 여부	점검결과		
		양호	보통	미흡
그릇, 기물 세척 및 정리정돈				
기계, 도구, 장비 세척 및 정리정돈				
작업대 청소 및 물기 제거				
가스레인지 또는 인덕션 청소				
양념통 정리				
남은 재료 정리정돈				
음식 쓰레기 처리				
개수대 청소				
수도 주변 및 세제 관리				
바닥 청소				
청소도구 정리정돈				
전기 및 Gas 체크				

일일 개인위생 점검표(입실준비)

점검일 : 년 월 일 이름 :				
점검 항목	착용 및 실시 여부	점검결과		
		양호	보통	미흡
조리모				
두발의 형태에 따른 손질(머리망 등)				
조리복 상의				
조리복 바지				
앞치마				
스카프				
안전화				
손톱의 길이 및 매니큐어 여부				
반지, 시계, 팔찌 등				
짙은 화장				
향수				
손 씻기				
상처유무 및 적절한 조치				
흰색 행주 지참				
사이드 타월				
개인용 조리도구				

일일 위생 점검표(퇴실준비)

점검일 : 년 월 일 이름 :				
점검 항목	착용 및 실시 여부	점검결과		
		양호	보통	미흡
그릇, 기물 세척 및 정리정돈				
기계, 도구, 장비 세척 및 정리정돈				
작업대 청소 및 물기 제거				
가스레인지 또는 인덕션 청소				
양념통 정리				
남은 재료 정리정돈				
음식 쓰레기 처리				
개수대 청소				
수도 주변 및 세제 관리				
바닥 청소				
청소도구 정리정돈				
전기 및 Gas 체크				

일일 개인위생 점검표(입실준비)

점검일 :   년   월   일   이름 :

점검 항목	착용 및 실시 여부	점검결과		
		양호	보통	미흡
조리모				
두발의 형태에 따른 손질(머리망 등)				
조리복 상의				
조리복 바지				
앞치마				
스카프				
안전화				
손톱의 길이 및 매니큐어 여부				
반지, 시계, 팔찌 등				
짙은 화장				
향수				
손 씻기				
상처유무 및 적절한 조치				
흰색 행주 지참				
사이드 타월				
개인용 조리도구				

일일 위생 점검표(퇴실준비)

점검일 :   년   월   일   이름 :

점검 항목	착용 및 실시 여부	점검결과		
		양호	보통	미흡
그릇, 기물 세척 및 정리정돈				
기계, 도구, 장비 세척 및 정리정돈				
작업대 청소 및 물기 제거				
가스레인지 또는 인덕션 청소				
양념통 정리				
남은 재료 정리정돈				
음식 쓰레기 처리				
개수대 청소				
수도 주변 및 세제 관리				
바닥 청소				
청소도구 정리정돈				
전기 및 Gas 체크				

일일 개인위생 점검표(입실준비)

점검일 : 년 월 일 이름 :				
점검 항목	착용 및 실시 여부	점검결과		
		양호	보통	미흡
조리모				
두발의 형태에 따른 손질(머리망 등)				
조리복 상의				
조리복 바지				
앞치마				
스카프				
안전화				
손톱의 길이 및 매니큐어 여부				
반지, 시계, 팔찌 등				
짙은 화장				
향수				
손 씻기				
상처유무 및 적절한 조치				
흰색 행주 지참				
사이드 타월				
개인용 조리도구				

일일 위생 점검표(퇴실준비)

점검일 : 년 월 일 이름 :				
점검 항목	착용 및 실시 여부	점검결과		
		양호	보통	미흡
그릇, 기물 세척 및 정리정돈				
기계, 도구, 장비 세척 및 정리정돈				
작업대 청소 및 물기 제거				
가스레인지 또는 인덕션 청소				
양념통 정리				
남은 재료 정리정돈				
음식 쓰레기 처리				
개수대 청소				
수도 주변 및 세제 관리				
바닥 청소				
청소도구 정리정돈				
전기 및 Gas 체크				

일일 개인위생 점검표(입실준비)

점검일 : 　년　월　일　　이름 :

점검 항목	착용 및 실시 여부	점검결과		
		양호	보통	미흡
조리모				
두발의 형태에 따른 손질(머리망 등)				
조리복 상의				
조리복 바지				
앞치마				
스카프				
안전화				
손톱의 길이 및 매니큐어 여부				
반지, 시계, 팔찌 등				
짙은 화장				
향수				
손 씻기				
상처유무 및 적절한 조치				
흰색 행주 지참				
사이드 타월				
개인용 조리도구				

일일 위생 점검표(퇴실준비)

점검일 : 　년　월　일　　이름 :

점검 항목	착용 및 실시 여부	점검결과		
		양호	보통	미흡
그릇, 기물 세척 및 정리정돈				
기계, 도구, 장비 세척 및 정리정돈				
작업대 청소 및 물기 제거				
가스레인지 또는 인덕션 청소				
양념통 정리				
남은 재료 정리정돈				
음식 쓰레기 처리				
개수대 청소				
수도 주변 및 세제 관리				
바닥 청소				
청소도구 정리정돈				
전기 및 Gas 체크				

| 일일 개인위생 점검표(입실준비)

점검 항목	착용 및 실시 여부	점검결과		
		양호	보통	미흡
조리모				
두발의 형태에 따른 손질(머리망 등)				
조리복 상의				
조리복 바지				
앞치마				
스카프				
안전화				
손톱의 길이 및 매니큐어 여부				
반지, 시계, 팔찌 등				
짙은 화장				
향수				
손 씻기				
상처유무 및 적절한 조치				
흰색 행주 지참				
사이드 타월				
개인용 조리도구				

점검일 : 년 월 일 이름 :

| 일일 위생 점검표(퇴실준비)

점검 항목	착용 및 실시 여부	점검결과		
		양호	보통	미흡
그릇, 기물 세척 및 정리정돈				
기계, 도구, 장비 세척 및 정리정돈				
작업대 청소 및 물기 제거				
가스레인지 또는 인덕션 청소				
양념통 정리				
남은 재료 정리정돈				
음식 쓰레기 처리				
개수대 청소				
수도 주변 및 세제 관리				
바닥 청소				
청소도구 정리정돈				
전기 및 Gas 체크				

점검일 : 년 월 일 이름 :

일일 개인위생 점검표(입실준비)

점검일 : 년 월 일 이름 :

점검 항목	착용 및 실시 여부	점검결과		
		양호	보통	미흡
조리모				
두발의 형태에 따른 손질(머리망 등)				
조리복 상의				
조리복 바지				
앞치마				
스카프				
안전화				
손톱의 길이 및 매니큐어 여부				
반지, 시계, 팔찌 등				
짙은 화장				
향수				
손 씻기				
상처유무 및 적절한 조치				
흰색 행주 지참				
사이드 타월				
개인용 조리도구				

일일 위생 점검표(퇴실준비)

점검일 : 년 월 일 이름 :

점검 항목	착용 및 실시 여부	점검결과		
		양호	보통	미흡
그릇, 기물 세척 및 정리정돈				
기계, 도구, 장비 세척 및 정리정돈				
작업대 청소 및 물기 제거				
가스레인지 또는 인덕션 청소				
양념통 정리				
남은 재료 정리정돈				
음식 쓰레기 처리				
개수대 청소				
수도 주변 및 세제 관리				
바닥 청소				
청소도구 정리정돈				
전기 및 Gas 체크				

일일 개인위생 점검표(입실준비)

점검 항목	착용 및 실시 여부	점검결과		
		양호	보통	미흡
조리모				
두발의 형태에 따른 손질(머리망 등)				
조리복 상의				
조리복 바지				
앞치마				
스카프				
안전화				
손톱의 길이 및 매니큐어 여부				
반지, 시계, 팔찌 등				
짙은 화장				
향수				
손 씻기				
상처유무 및 적절한 조치				
흰색 행주 지참				
사이드 타월				
개인용 조리도구				

점검일 : 년 월 일 이름 :

일일 위생 점검표(퇴실준비)

점검 항목	착용 및 실시 여부	점검결과		
		양호	보통	미흡
그릇, 기물 세척 및 정리정돈				
기계, 도구, 장비 세척 및 정리정돈				
작업대 청소 및 물기 제거				
가스레인지 또는 인덕션 청소				
양념통 정리				
남은 재료 정리정돈				
음식 쓰레기 처리				
개수대 청소				
수도 주변 및 세제 관리				
바닥 청소				
청소도구 정리정돈				
전기 및 Gas 체크				

점검일 : 년 월 일 이름 :

▎일일 개인위생 점검표(입실준비)

점검일 :　　년　월　일　　이름 :

점검 항목	착용 및 실시 여부	점검결과		
		양호	보통	미흡
조리모				
두발의 형태에 따른 손질(머리망 등)				
조리복 상의				
조리복 바지				
앞치마				
스카프				
안전화				
손톱의 길이 및 매니큐어 여부				
반지, 시계, 팔찌 등				
짙은 화장				
향수				
손 씻기				
상처유무 및 적절한 조치				
흰색 행주 지참				
사이드 타월				
개인용 조리도구				

▎일일 위생 점검표(퇴실준비)

점검일 :　　년　월　일　　이름 :

점검 항목	착용 및 실시 여부	점검결과		
		양호	보통	미흡
그릇, 기물 세척 및 정리정돈				
기계, 도구, 장비 세척 및 정리정돈				
작업대 청소 및 물기 제거				
가스레인지 또는 인덕션 청소				
양념통 정리				
남은 재료 정리정돈				
음식 쓰레기 처리				
개수대 청소				
수도 주변 및 세제 관리				
바닥 청소				
청소도구 정리정돈				
전기 및 Gas 체크				

일일 개인위생 점검표(입실준비)

점검일 : 년 월 일 이름 :				
점검 항목	착용 및 실시 여부	점검결과		
		양호	보통	미흡
조리모				
두발의 형태에 따른 손질(머리망 등)				
조리복 상의				
조리복 바지				
앞치마				
스카프				
안전화				
손톱의 길이 및 매니큐어 여부				
반지, 시계, 팔찌 등				
짙은 화장				
향수				
손 씻기				
상처유무 및 적절한 조치				
흰색 행주 지참				
사이드 타월				
개인용 조리도구				

일일 위생 점검표(퇴실준비)

점검일 : 년 월 일 이름 :				
점검 항목	착용 및 실시 여부	점검결과		
		양호	보통	미흡
그릇, 기물 세척 및 정리정돈				
기계, 도구, 장비 세척 및 정리정돈				
작업대 청소 및 물기 제거				
가스레인지 또는 인덕션 청소				
양념통 정리				
남은 재료 정리정돈				
음식 쓰레기 처리				
개수대 청소				
수도 주변 및 세제 관리				
바닥 청소				
청소도구 정리정돈				
전기 및 Gas 체크				

일일 개인위생 점검표(입실준비)

점검일 :　　년　월　일　　이름 :

점검 항목	착용 및 실시 여부	점검결과		
		양호	보통	미흡
조리모				
두발의 형태에 따른 손질(머리망 등)				
조리복 상의				
조리복 바지				
앞치마				
스카프				
안전화				
손톱의 길이 및 매니큐어 여부				
반지, 시계, 팔찌 등				
짙은 화장				
향수				
손 씻기				
상처유무 및 적절한 조치				
흰색 행주 지참				
사이드 타월				
개인용 조리도구				

일일 위생 점검표(퇴실준비)

점검일 :　　년　월　일　　이름 :

점검 항목	착용 및 실시 여부	점검결과		
		양호	보통	미흡
그릇, 기물 세척 및 정리정돈				
기계, 도구, 장비 세척 및 정리정돈				
작업대 청소 및 물기 제거				
가스레인지 또는 인덕션 청소				
양념통 정리				
남은 재료 정리정돈				
음식 쓰레기 처리				
개수대 청소				
수도 주변 및 세제 관리				
바닥 청소				
청소도구 정리정돈				
전기 및 Gas 체크				

저자 소개

한혜영

현) 충북도립대학교 조리제빵과 교수
　　어린이급식관리지원센터 센터장
· 세종대학교 조리외식경영학전공 조리학 박사
· 숙명여자대학교 전통식생활문화전공 석사
· 조리기능장
· Le Cordon bleu (France, Australia) 연수
· The Culinary Institute of America 연수
· Cursos de cocina espanola en sevilla (Spain) 연수
· Italian Culinary Institute For Foreigner 연수
· 롯데호텔 서울
· 인터컨티넨탈 호텔 서울
· 떡제조기능사, 조리산업기사, 조리기능장 출제위원 및 심사위원
· 한국외식산업학회 이사
· 농림축산식품부장관상, 식약처장상, 해양수산부장관상,
　산림청장상
· 대전지방식품의약품안전청장상, 충북도지사상
· KBS 비타민, 위기탈출넘버원
· 한혜영 교수의 재미있고 맛있는 음식이야기 CJB 라디오
　청주방송
· SBS 모닝와이드
· MBC 생방송오늘아침 등
· 파리, 대만, 홍콩, 알제리, 카타르, 싱가포르, 상해, 터키, 리옹,
　라스베이거스, 요르단, 쿠웨이트, 터키, 말레이시아, 미국, 오만,
　에콰도르, 파나마, 카타르, 몽골, 체코, 브라질, 네덜란드, 호주,
　일본 등 대사관 초청 한국음식 강의 및 홍보행사
· 순창, 임실, 옥천, 밀양, 화천, 봉화, 진천, 태백, 경주, 서산, 충주,
　양양, 옹진, 성주, 이천 등 메뉴개발 및 강의

저서
· 한혜영의 한국음식, 효일출판사, 2013
· NCS 자격검정을 위한 한식조리 12권, 백산출판사, 2016
· NCS 자격검정을 위한 한식기초조리실무, 백산출판사, 2017
· NCS 자격검정을 위한 알기쉬운 한식조리, 백산출판사, 2017
· NCS 한식조리실무, 백산출판사, 2017
· 조리사가 꼭 알아야 할 단체급식, 백산출판사, 2018
· 양식조리 NCS학습모듈 공동 집필 8권, 한국직업능력개발원,
　2018
· 동남아요리, 백산출판사, 2019
· 떡제조기능사, 비앤씨월드, 2020
· 푸드스타일링 실습, 충북도립대학교, 2020

김업식

현) 연성대학교 호텔외식조리과 호텔조리전공 교수
· 경희대학교 대학원 식품학 박사
· (주)웨스틴조선호텔 한식당 셔블 Chef
· 베트남 대우호텔 페스티벌 주관
· 일본 동경 웨스틴 호텔 한국음식 페스티벌 주관
· 서울국제요리대회 심사위원
· 용수산, 강강술래, 썬앳푸드 자문위원
· 메리어트호텔, 해비치호텔 자문위원
· 한국산업인력공단 감독위원
· 네바다주립대(U.N.L.V) 조리연수
· C.I.A. 조리연수, COPIA 와인연수

저서
· 21세기 한국음식, 효일출판사, 2012
· 주방시설관리론, 효일출판사, 2010
· 전통혼례음식, 광문각, 2007

박선옥

현) 충북도립대학교 조리제빵과 겸임교수
　　인천재능대학교 호텔외식조리과 겸임교수
전) 우송정보대학 외식조리과 외래교수
　　세종대학교 외식경영학과 외래교수
· 조리기능장
· 한국소울푸드연구소 대표
· 세종대학교 조리외식경영학과 박사과정
· 주 그리스 대한민국대사관 조리사
· 아름다운 우리 떡 은상 (한국관광공사)

신은채

현) 동원과학기술대학교 호텔외식조리과 교수
　　양산시 시설관리공단 〈숲애서〉 자문위원장
· 한식조리기능사, 조리산업기사 감독위원
· 세종대학교 식품영양학과 이학사
· 서울대학교 보건대학원 보건학 석사
· 동아대학교 식품영양학과 이학박사
· 한식세계화 한식전문조리인력양성과정장
· 채널A 먹거리 X파일 착한식당 검증단

저자와의
합의하에
인지첩부
생략

한식조리 조림 · 초

2022년 3월 20일 초판 1쇄 인쇄
2022년 3월 25일 초판 1쇄 발행

지은이 한혜영 · 김업식 · 박선옥 · 신은채
펴낸이 진욱상
펴낸곳 (주)백산출판사
교   정 박시내
본문디자인 신화정
표지디자인 오정은

등   록 2017년 5월 29일 제406-2017-000058호
주   소 경기도 파주시 회동길 370(백산빌딩 3층)
전   화 02-914-1621(代)
팩   스 031-955-9911
이메일 edit@ibaeksan.kr
홈페이지 www.ibaeksan.kr

ISBN 979-11-6567-497-7 93590
값 13,000원